# 豇豆标准化生产技术疑难解答

陈燕羽　罗劲梅　主编

中国农业出版社
北　京

# 本书编写人员

主　　编：陈燕羽　罗劲梅

副 主 编：石旺鹏　李　萍　牛　玉

参编人员：陈丽丽　王春娟　王昊祺　黄　凯

　　　　　王华生　迟元铭　熊美珍　张安波

　　　　　罗　丰　张　龙　吴月燕　张景云

　　　　　刘巧莲　王祥祺　陶　然　谭贤教

　　　　　高建明　罗冠勇

　　豇豆广泛分布于热带、亚热带、温带地区，在我国栽培历史悠久，品种资源丰富，我国绝大部分地区都有豇豆栽培。豇豆口感独特、营养丰富、老少皆宜，具有良好的食疗效果和保健功能，是深受大家喜爱的优质蔬菜食材。

　　近年来，为让老百姓吃上放心菜，我国把蔬菜的安全生产问题提高到非常重要的位置。为了保障食品安全，习近平总书记对食品安全作出史上"四个最严"指示：最严谨的标准、最严格的监管、最严厉的处罚、最严肃的问责。为贯彻落实习近平总书记的指示，中共中央、国务院印发《关于深化改革加强食品安全工作的意见》，不断加强食品安全监管工作，守护好人民群众"舌尖上的安全"。2023 年，新的《中华人民共和国农产品质量安全法》的颁布与实施，强化了农产品质量安全风险管理和标准制定，完善了农产品生产经营全过程管控措施。

　　为了提升豇豆品质，保障食品安全，农业农村部组织制定了农业行业标准《豇豆病虫害绿色防控技术规程》（NY/T 4023—2021），该标准以减药控残为目标，创新转变病虫害防控方式，优化健康栽培模式，抓早抓小从源头上解决病虫害的防控问题，保证豇豆质量安全。海南省也率先组织制定了豇豆全产业链地方标准《农产品全产业链生产规范　豇豆》（DB 46/T 596—2023），把豇豆产业产前、产中、产后各个环节纳入按标生产、依标监管的轨道，并通过多种措施在全省示范推广，促进豇豆产业的健康和可持续发展，保护农业生态环境安全。广西壮族自治区等热区省份在豇豆主产区大面积推广绿色防控技术，不断提高绿色标准化生产水平，促进豇豆检测合格率逐年显著提升。

标准化生产是保障豇豆质量安全的有效途径，也是产业可持续健康发展的重要保障。以标准规范豇豆安全生产，以绿色防控技术为主，突出减药控残，推动产业升级，对促进豇豆产业现代化、规模化和标准化都有非常重要的意义。

本书由相关专业专家团队编写，通过问答形式，解答豇豆生产中的关键技术问题和实用技术。内容深入浅出，图文并茂，通俗易懂，对农户和基层的技术人员有很强的实践操作指导意义。由于编者水平有限，书中难免有错漏之处，敬请读者予以指正。

编　者

2024 年 8 月

目录

前言

# 第一章 农业标准化生产知识理论

## 1. 什么是标准？什么是农业标准？

标准：通过标准化活动，按照规定的程序经协商一致制定，为各种活动或其结果提供规划、指南或特性，供共同使用和重复使用的文件。

农业标准是指在农业范围内所形成的，符合标准概念要求的规范性文件。按照农业标准的对象，农业标准分为技术标准、管理标准和工作标准三大类。技术标准是对标准化领域中需要协调统一的技术事项所制定的标准。它是从事生产、建设工作以及商品流通的一种共同技术依据。管理标准是对标准化领域中需要协调统一的管理事项所制定的标准。管理事项主要指在管理中与实施技术标准有关的重复性事物和概念。工作标准是对标准化领域中需要协调统一的工作事项所制定的标准。工作事项主要指在执行相应管理标准和技术标准时与工作岗位的职责权限、工作内容和方法、岗位的任职资格和基本技能、检查考核等有关的重复性事物和概念。

## 2. 什么是农业标准化？

农业标准化是运用"统一、简化、协调、优化"的标准化原则，对农业生产的产前、产中、产后全过程，通过制定标准、实施标准和实施监督，促进先进的农业成果和经验的迅速推广，确保农产品的质量和安全，促进农产品的流通，规范农产品市场秩序，指导生产，引导消费，从而取得良好的经济、社会和生态效益，以达到提高农业生产水平和竞争力为目的的一系列活动过程。

## 3. 农业标准按性质分几类？农业标准分为几级？

按标准的性质农业标准分为强制性标准和推荐性标准。

强制性标准是指必须执行的标准，属于我国技术法范畴。农业强制性标准包括：种子、农药、兽药及其他重要的农业生产资料标准；农产品安全卫生标准；农产品生产、储运和使用中的安全卫生要求；农业生产中的环境保护、生态保护标准；通过的技术术语符号、代号标准；国家需要控制的重要农产品的标准等。

推荐性标准指国家、行业和地方制定的向企业和社会推荐采用的标准。推荐性标准一旦纳入指令性文件，将具有相应的行政约束力。

我国农业标准分为农业国家标准、农业行业标准、农业地方标准和农业企业标准四级。

 **4. 什么是农业标准体系？其组成如何？**

农业标准体系是指一定范围内的农业标准，按其内在联系形成的科学的有机整体。农业标准体系的组成有国际标准、国家标准、行业标准、地方标准、企业标准等。

国际标准：是指国际标准化组织（ISO）、联合国食品法典委员会（CAC）、国际有机食品运动联盟（IFOAM）以及其他国际组织所制定的标准。

国家标准：是指需要在全国范围内统一技术要求，由国务院标准化行政部门组织制定的标准。国家标准具体由国家质量技术监督局编制计划和组织草拟，并统一审批、编号和发布。

行业标准：对没有国家标准而又需要在全国某个行业范围内统一技术要求，可以制定行业标准。行业标准是由国务院有关行政主管部门组织制定的标准，农业行业标准是由农业农村部组织制定。行业标准是对国家标准的补充，行业标准在相应国家标准实施后自行废止。

地方标准：是指在某个省、自治区、直辖市范围内需要统一的标准。对没有国家标准和行业标准而又需要在省、自治区、直辖市范围内统一的技术和管理要求，可以制定地方标准。地方标准不得与国家标准、行业标准相抵触。

企业标准：是指企业所制定的产品标准和企业内需要协调、统一的技术要求和管理工作要求所制定的标准。

 **5. 什么是农业企业标准体系？其组成如何？**

农业企业标准体系是指企业内的标准按其内在联系形成的科学的有机整体。企业标准体系包括三个子体系：技术标准体系、管理标准体系和工作标准体系。技术标准体系是企业标准体系的核心。

企业技术标准是指对标准化领域中需要协调统一的技术事项所制定的标准。企业技术标准体系是指企业范围内的技术标准按其内在联系形成的科学的有机整体。GB/T 15497—2017《企业标准体系 产品实现》规定了各企业技术标准体系的结构形式，不同类型的农业企业可根据产品的类型和生产特点进行适度调整，并应结合企业实际需要确定企业技术标准体系。

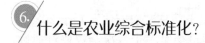

## 6. 什么是农业综合标准化？

农业综合标准化是指为达到确定的目标，运用系统分析方法，建立农业标准综合体，并贯彻实施的标准化活动。即农业综合标准化是在农业标准化的活动中，以系统的观点对农业标准化对象进行分析，根据规定目标，识别出农、林、牧、渔各业中，某一具体产品的产前、产中、产后具有内在联系的相关要素，并对其制定出标准，经过协调、优化之后，建立农业标准综合体，有组织、有步骤地加以实施的一种标准化方法。

## 7. 影响蔬菜产品质量安全的主要因素有哪些？

根据有关部门对全国各地主要蔬菜种类质量安全的检测及分析，影响无公害蔬菜产品质量安全的主要因素有：有害重金属、非金属物污染，硝酸盐和亚硝酸盐污染，农药残留污染。

①有害重金属及非金属污染。主要包括：铬、镉、铅、汞、砷、氟。

②硝酸盐、亚硝酸盐污染。自然界中的氮化合物硝酸盐和亚硝酸盐广泛分布于人类生存的环境之中。硝酸盐能在动物体内外，经硝酸盐还原菌作用还原成亚硝酸盐。亚硝酸盐可将人体血液中血红素的二价铁氧化成三价铁，从而失去结合氧的能力，逐渐引起机体组织缺氧，患氧化血红素症。亚硝酸盐还可能与人体胃中的仲胺、叔胺等次级胺形成强致癌物亚硝胺。

③农药残留污染。农药在蔬菜的病虫害防治、保证产量和品质方面，具有重要作用。据统计，不使用农药，蔬菜由于受病虫害影响，将会减产30%左右。

## 8. 蔬菜的产地环境检测项目有哪些？

蔬菜产地环境检测项目分为空气检测、土壤检测和灌溉水质检测三大类。蔬菜产地环境空气检测项目主要为：总悬浮颗粒物、二氧化硫、二氧化氮、铅、氟化物、苯并（a）芘等。蔬菜产地环境土壤检测项目主要为：pH、阳离子交换量、总砷、总汞、总铬、铅、镉、铜、锌、镍等。蔬菜产地环境灌溉水质检测项目主要为：pH、化学需氧量、总汞、总镉、总砷、总铅、铬（六价）、氟化物、氰化物、石油类、粪大肠菌群、蛔虫卵数。

 **9. 新实施的《中华人民共和国农产品质量安全法》主要修改了哪些内容？**

《中华人民共和国农产品质量安全法》（以下简称"农安法"）于 2022 年 9 月 2 日经第十三届全国人民代表大会常务委员会第三十六次会议修订通过，自 2023 年 1 月 1 日起施行。主要修改了如下内容：

**（1）压实农产品质量安全责任**

将农户纳入监管范围，明确农业生产企业、农民专业合作社、农户应当对其生产经营的农产品质量安全负责，地方政府应当对本行政区域的农产品质量安全工作负责；加强收储运环节监管，明确农产品批发市场、农产品销售企业、食品生产者等的检测、合格证明查验等义务；针对出现的新业态和农产品销售的新形式，规定了网络平台销售农产品的生产经营者、从事农产品冷链物流的生产经营者的质量安全责任。

**（2）强化农产品质量安全风险管理和标准制定**

明确实行源头治理、风险管理、全程控制的基本原则，建立农产品质量安全风险监测、评估制度，加强对重点区域、重点农产品品种的风险管理。同时，强调农产品质量安全标准是强制执行的标准，进一步明确农产品质量安全标准的内容，并确保严格实施。

**（3）完善农产品生产经营全过程管控措施**

坚持源头治理，完善农产品产地环境调查、监测和评价制度，对控肥、控药、控添加剂，科学合理使用农业投入品提出明确要求，加强农产品生产者的内部质量控制；明确储存运输环节的监管要求，防止对农产品造成二次污染；建立农产品承诺达标合格证制度和追溯管理制度，强化农产品质量安全意识，实现生产记录可查询、产品流向可追踪、责任可明晰。

**（4）加强农产品质量安全监督管理**

明确农业农村、市场监督管理部门的监管职责，健全随机抽查机制，并明确采集样品应当按照市场价格支付费用。同时，强调农业农村和市场监督管理部门应当加强协调配合和执法衔接，建立全程监督管理协作机制，确保农产品从生产到消费各环节的质量安全。对农产品质量安全工作不力、问题突出的地方政府，可以对其主要负责人进行责任约谈。

**（5）加大对违法行为的处罚力度**

与食品安全法相衔接，提高对违法行为的处罚力度，并对做好行刑衔接作了规定。此外，考虑到我国国情、农情，对农户规定了较轻的处罚，既起到震慑作用，又兼顾农户的发展现状，引导农户规范生产经营活动。

### 10. 国家是如何层层压实农产品质量安全工作？

根据《中华人民共和国农产品质量安全法》，国家加强农产品质量安全工作，实行源头治理、风险管理、全程控制，建立科学、严格的监督管理制度，构建协同、高效的社会共治体系。国务院、农业农村主管部门、市场监督管理部门依照农安法和规定的职责，对农产品质量安全实施监督管理。国务院其他有关部门依照本法和规定的职责承担农产品质量安全的有关工作。

县级以上地方人民政府对本行政区域的农产品质量安全工作负责，统一领导、组织、协调本行政区域的农产品质量安全工作，建立健全农产品质量安全工作机制，提高农产品质量安全水平。县级以上地方人民政府应当依照农安法和有关规定，确定本级农业农村主管部门、市场监督管理部门和其他有关部门的农产品质量安全监督管理工作职责。各有关部门在职责范围内负责本行政区域的农产品质量安全监督管理工作。乡镇人民政府应当落实农产品质量安全监督管理责任，协助上级人民政府及其有关部门做好农产品质量安全监督管理工作。

### 11. 农产品生产经营者对监督抽查检测结果有异议怎么办？

农产品生产经营者对监督抽查检测结果有异议的，可以自收到检测结果之日起五个工作日内，向实施农产品质量安全监督抽查的农业农村主管部门或者其上一级农业农村主管部门申请复检。复检机构与初检机构不得为同一机构。

采用快速检测方法进行农产品质量安全监督抽查检测，被抽查人对检测结果有异议的，可以自收到检测结果时起四小时内申请复检。复检不得采用快速检测方法。

复检机构应当自收到复检样品之日起七个工作日内出具检测报告。

因检测结果错误给当事人造成损害的，依法承担赔偿责任。

### 12. 开展农产品质量安全监督检查的工作人员有哪些权利？

①进入生产经营场所进行现场检查，调查了解农产品质量安全的有关情况。

②查阅、复制农产品生产记录、购销台账等与农产品质量安全有关的

资料。

③抽样检测生产经营的农产品和使用的农业投入品以及其他有关产品。

④查封、扣押有证据证明存在农产品质量安全隐患或者经检测不符合农产品质量安全标准的农产品。

⑤查封、扣押有证据证明可能危及农产品质量安全或者经检测不符合产品质量标准的农业投入品以及其他有毒有害物质。

⑥查封、扣押用于违法生产经营农产品的设施、设备、场所以及运输工具。

⑦收缴伪造的农产品质量标志。

## 13. 农产品生产经营者通过网络平台销售农产品应注意什么问题？

农产品生产经营者通过网络平台销售农产品的，应当依照农安法和《中华人民共和国电子商务法》《中华人民共和国食品安全法》等法律、法规的规定，严格落实质量安全责任，保证其销售的农产品符合质量安全标准。网络平台经营者应当依法加强对农产品生产经营者的管理。

## 14. 出具虚假检测报告的检测机构、检测人员会有什么后果？

根据农安法第六十五条规定，农产品质量安全检测机构、检测人员出具虚假检测报告的，由县级以上人民政府农业农村主管部门没收所收取的检测费用，检测费用不足一万元的，并处五万元以上十万元以下罚款，检测费用一万元以上的，并处检测费用五倍以上十倍以下罚款；对直接负责的主管人员和其他直接责任人员处一万元以上五万元以下罚款；使消费者的合法权益受到损害的，农产品质量安全检测机构应当与农产品生产经营者承担连带责任。

因农产品质量安全违法行为受到刑事处罚或者因出具虚假检测报告导致发生重大农产品质量安全事故的检测人员，终身不得从事农产品质量安全检测工作。农产品质量安全检测机构不得聘用上述人员。

农产品质量安全检测机构有前两款违法行为的，由授予其资质的主管部门或者机构吊销该农产品质量安全检测机构的资质证书。

## 15. 什么是绿色食品？绿色食品如何认证？

绿色食品是指遵守可持续发展原则，按特定生产方式生产，经专门机构认定，许可使用绿色食品标志，无污染的安全、优质、营养类食品（彩图1）。绿色食品认证是指由权威的第三方机构，对食品按照有关绿色食品的标准进行检测，并出具检验报告，对符合标准的食品授予绿色食品标志的过程。

目前，绿色食品标准分为两个技术等级，即AA级绿色食品标准和A级绿色食品标准。

AA级绿色食品是指产地的环境符合NY/T 391—2021《绿色食品 产地环境质量标准》的要求，生产过程不使用化学合成的肥料、农药、兽药、饲料添加剂、食品添加剂和其他有害于环境和身体健康的物质，按有机生产方式生产，产品质量符合绿色食品产品标准，经专门机构认定，许可使用AA级绿色食品标志的产品。

A级绿色食品是指产地的环境符合NY/T 391—2021《绿色食品 产地环境质量》要求，生产过程中严格按照绿色食品生产资料使用准则和生产操作规程要求，限量使用限定的化学合成生产资料，产品质量符合绿色食品产品标准，经专门机构认定，许可使用A级绿色食品标志的产品。

中国绿色食品发展中心依据《绿色食品标志管理办法》制定了绿色食品认证程序。主要分为认证申请、受理文审、现场检查、产品抽样、环境监测、产品检测、认证审核、认证评审、颁证9个过程。

## 16. 什么是有机食品？有机农产品如何认证？

有机农产品是指来自有机农业生产体系，根据有机农业生产要求和相应标准生产加工，并且通过合法的、独立的有机食品认证机构认证的农副产品及其加工品。有机食品在生产中不使用农药、化肥、生长调节剂等化学合成物质，不采用基因工程技术，应用天然物质和无害于环境的生产方式生产、加工形成的环保型安全食品。

有机农产品认证基于有机农产品的生产和加工标准及合格评定程序，是技术认证和管理体系认证的双重表现形式。以技术为先导，以管理为保证。许可使用有机食品标志（彩图2）。

## 17. 绿色食品、有机食品有什么区别和联系？

绿色食品在中国是对无污染的安全、优质、营养类食品的总称，是指按特定生产方式生产，并经国家有关的专门机构认定，准许使用绿色食品标志的无污染、安全、优质、营养型的食品。类似的食品在其他国家被称为有机食品、生态食品或自然食品。

有机食品是外来词，是英文 Organic Food 的直译名，是有机农业的产物，也有称生态食品、自然食品。根据国际有机农业联盟（IFOAM）的定义，有机食品是根据有机农业和有机食品生产、加工标准而生产加工出来的，经过授权的有机颁证组织颁发给证书，供人们食用的一切食品。

区别：①发源地不同。有机食品和有机农业的概念发源地是欧洲，绿色食品的概念起源于中国。

②标识不同。有机食品在不同的国家、不同的认证机构其标识不相同。绿色食品标识是唯一的。

③认证机构不同。绿色食品的认证由中国绿色食品发展中心负责全国绿色食品的统一认证和最终认证审批，各省、市、区绿色食品办公室协助认证。有机食品的认证：一是由生态环境部有机食品发展中心进行综合认证；二是由中国农科院茶叶研究所有机茶研究与发展中心认证有机茶；三是一些国外有机食品的认证机构在中国开展有机食品的认证。

④认证方式不同。有机食品的认证实行检查员制度，绿色食品的认证以检测认证为主。

⑤标准不同，分级不同。绿色食品和有机食品的标准各不相同，但总的可以分为三个档次，即无公害食品是基本档次，A 级绿色食品是第二档次，AA 级绿色食品和有机食品为最高档次。

## 18. 什么是农产品的地理标志？农产品地理标志怎么申请？

农产品地理标志是指标示农产品来源于特定地域，产品品质和相关特征主要取决于自然生态环境和历史人文因素，并以地域名称冠名的特有农产品标志（彩图 3）。农业农村部负责全国农产品地理标志的登记工作，农业农村部农产品质量安全中心负责农产品地理标志登记的审查和专家评审工作。省级人民政府农业行政主管部门负责本行政区域内农产品地理标志登记申请的受理和初审工作。农业农村部设立的农产品地理标志登记专家评审委员会，负责专家评审。

申请地理标志登记的农产品，应当符合下列条件：称谓由地理区域名称和农产品通用名称构成；产品有独特的品质特性或者特定的生产方式；产品品质和特色主要取决于独特的自然生态环境和人文历史因素；产品有限定的生产区域范围；产地环境、产品质量符合国家强制性技术规范要求。农产品地理标志是集体公权的体现，企业和个人不能作为农产品地理标志登记申请人。符合下列条件的单位和个人，可以向登记证书持有人申请使用农产品地理标志：生产经营的农产品产自登记确定的地域范围；已取得登记农产品相关的生产经营资质；能够严格按照规定的质量技术规范组织开展生产经营活动；具有地理标志农产品市场开发经营能力。使用农产品地理标志，应当按照生产经营年度与登记证书持有人签订农产品地理标志使用协议，在协议中载明使用的数量、范围及相关的责任义务。

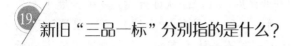

## 19. 新旧"三品一标"分别指的是什么？

传统的"三品一标"指的是无公害农产品、绿色食品、有机农产品和农产品地理标志的统称。"三品一标"是政府主导的安全优质农产品公共品牌，某种程度上，可以说代表农产品生产消费趋势所在。"三品一标"对消费者来讲，是农业发展进入新阶段的要求。对国家来说，是农产品质量安全工作的重要环节。

新"三品一标"指的是农业生产中注重品种培优、品质提升、品牌打造和标准化生产。相较于传统"三品一标"侧重对生产经营主体、产地的认证及产品质量的严格把控，新"三品一标"更注重对具体生产过程进行布局、规划，以标准化为大框架，通过制订和实施标准，把农业产前、产中、产后各个环节纳入标准生产和标准管理的轨道，重点关注优良种质的创新攻关，加强提升产品品质，同时要强化品牌意识，树立产业链观念，从而实现优质优价，更好地促进产业提档升级、农民增收致富。

## 20. 什么是 QS 认证？

QS 是指食品质量安全市场准入标志。获得食品质量安全生产许可证的企业，其生产加工的食品经出厂检验合格的，在出厂销售之前，必须在最小销售单元的食品包装上标注由国家统一制定的食品质量安全生产许可证编号并加印或者加贴食品质量安全市场准入标志，并以"质量安全"的英文名称 Quality Safety 的缩写"QS"表示。国家市场监督管理总局统一制定食品质量安全市场准入标志的式样和使用办法。加贴（印）有"QS"标志的食品，即意味着该食品符合质量安全的基本要求。

## 21. 我国农产品认证类型有哪些？

认证通常分为产品、服务和管理体系认证。QS 认证、有机食品认证、绿色食品认证是产品认证。而体系认证包括：以 ISO 9001 标准为依据开展的质量管理体系认证；以 ISO 14001 标准为依据开展的环境管理体系认证；以 GB/T 28001 标准为依据开展的职业健康安全管理体系认证；食品安全管理体系认证（HACCP）认证等。

我国现有农产品认证种类较多，按认证方式分主要有强制性认证和自愿性认证；按认证对象分主要有产品认证和体系认证；按认证区域分主要有全国性认证、行业认证和地方认证。我国农产品认证经过十多年的发展现已形成了以产品认证为主、体系认证为辅的发展格局。在产品认证方面，主要开展了无公害农产品认证（2003—2022 年实施，2022 年新的农安法发布后取消该项认证）、绿色食品认证和有机食品认证；在体系认证方面，主要开展了危害分析与关键点控制（HACCP）认证、投入品良好生产规范（GMP）认证和良好农业生产规范（GAP）认证。此外，农业农村部还开展了包括农机产品质量认证以及种子认证试点为主的投入品认证工作。为推进食品质量安全市场准入制度，2002 年国家质检总局颁布和强制执行了 QS 标准的绿色健康食品制度，对实施生产许可证制度的产品实行市场准入 QS 标志制度。

## 22. 为什么农产品要进行认证？

农产品认证的必要性来自五个方面：一是来自顾客、消费者和同行的压力，只有通过按同一标准的认证，生产者才能按同一标准生产农产品，产品质量得到保证，消费者才能放心使用。二是认证是进入市场的通行证，无论是国内市场或国际市场，随着中国加入 WTO，与世界经济的接轨以及市场经济的发展和不断规范，只有获得认证的农产品才能准入市场。三是免去许多检查，国内市场流通的农产品获得绿色食品认证、有机食品认证，可节省很多审核程序和费用。四是符合政府规定的要求，即农产品或食品应当是安全、营养、无公害的。五是促进企业的质量管理，增强客户信心，扩大市场份额。

## 23. 什么是食品质量安全市场准入制度？

食品质量安全市场准入制度是指保证食品的质量安全，具备规定条件的生产者才允许进行生产经营活动，具备规定条件的食品才允许生产销售的一种行政监管制度。

食品质量安全市场准入制度是一项行政许可制度。其主要内容包括：①对食品生产企业实施生产许可证制度；②对企业生产的食品实施强制检验制度；③对实施食品生产许可制度的食品实行质量安全市场准入标志制度。

## 24. 农产品质量监督的依据和类型有哪些？

依据农产品质量监督的依据主要是有关标准或法律、法规（合同）规定的有关指标。就农产品而言，主要包括以下指标：品质安全卫生、质量等级、净含量和包装。

主要有以下类型：

①抽查型质量监督。是指质量监督管理部门通过农产品的抽查检验，对不符合质量安全标准的农产品进行事后处理，督促农业生产者遵循质量法规和有关强制性标准的一种质量监督活动。

②评价性质量监督。是由质量监督管理部门通过对农产品和农业生产条件进行检查和验证，做出综合质量评价，以证书、标志等形式向社会提供质量评价信息，并对获得证书、标志的产品实施必要的事后监督，以确保农产品质量稳定的一种质量监督活动。

③仲裁型质量监督。是指质量监督管理部门，通过对有争议的产品进行检验和质量调查，分清质量责任，做出公正而科学的仲裁结论，以维护经济活动正常秩序的一种质量监督活动。

④准入型质量监督。主要是指农产品进入某市场（或区域、会展），需达到一定的标准要求而展开的质量监督活动。

## 25. 农业标准实施监督的形式有哪些?

按实施监督的主体来分，有以下 3 种形式：

①第一方监督。即农业生产者的自我监督。

②第二方监督。即农业生产者的相关方的监督。

③第三方监督。即具有公正立场的政府或政府授权的相关机构进行的监督。

按农业生产阶段，可分为产前监督、产中监督、产后监督。

①产前监督。主要是监督农业生产环境、生产设施及生产资料（包括农药、种子、化肥等投入品）是否符合标准要求，是否满足农业生产的需要。

②产中监督。是指监督农业生产过程是否按生产技术规程组织生产。

③产后监督。主要是监督农产品质量是否达到标准要求，农产品的运输、储存和初加工过程是否按标准进行。

## 26. 什么是农产品质量标准体系?

农产品质量标准体系包括对农产品的类别、质量要求、包装、运输、贮运等所作的技术规定。它是农产品质量检测的依据，也是农产品质量管理的基础。要提高农产品质量，就必须要有先进、科学、合理的标准。农产品质量标准的制定，是根据农业生产的实际水平和人民生活的消费水平，考虑科学发展的先进因素，体现国家经济政策和技术水平，在研究历年来农产品质量资料的基础上，经有关方面协商同意，由主管机构批准、发布。标准一经批准、发布，就是技术法规，任何个人和单位都必须严格贯彻执行，不得擅自更改或降低标准。

**27. 农产品感官品质包括哪些？**

可以通过人的视觉、嗅觉、触觉和味觉进行综合评价的品质特性被称作"感官品质"性状。它包括：

一是外部感官品质，如颜色、大小、形状，依靠视觉和触觉鉴定。此外，果蔬产品的新鲜程度、整齐度、病斑、虫口等感官品质较容易理解和掌握。

二是内在感官品质，如风味和质地主要依靠味觉和嗅觉鉴定。

**28. 农产品质量检测体系的构成涵盖哪些方面？**

农产品质量检测体系是指为提高农副产品、农用资料和农业生态环境的质量，由各类具有农业专业技术和检测能力的检验、测试机构组成的监测网络。主要由三部分组成：农产品质量检测、农产品生产过程检测和农产品生产环境检测。其中，农产品质量检测主要是检测进入市场的农产品质量。农产品生产过程检测是指农产品的生产各环节是否符合标准所规定的具体操作规程和生产技术，以及投入品的使用等方面。农产品的生产环境检测主要指农产品生产区域的土壤质量、大气、水质等方面的污染程度检测。

农产品质量检测应按照一定的规范和程序进行，这样才能确保检验的质量。农产品质量检验规程一方面规定了农产品质量检测内容和方法，另一方面规定了农产品质量检测的项目和内容。

农产品质量检测，一般采用感官检验法和理化检验法。感官检测法有以下几种：视觉检测法、味觉检测法、触觉检测法、嗅觉检测法、听觉检测法。以上几种方法在实际操作时是交互使用的，不是孤立的。理化检验法包括物理检测法、化学检测法和卫生检测法。

**29. 何谓农产品质量认证体系？**

农产品质量认证体系是农产品质量的认证机构依据国家和地方产品质量等方面进行科学、可靠的监测后，确认其符合相关等级标准，为进入相应等级市场提供有效准入凭据的一种地方性认证实施体系。对于认定合格的产品、生产基地等颁发相应的证书。

农产品质量认证工作的程序：提出申请→初步检查→检验评定→颁发认证证书→监督复查。

农产品质量认证主要是对农产品的质量是否合格或质量达到哪种等级进行鉴定。大体上农产品可实行三级认证制度，即准入级、优质级和出口级。

准入级农产品，应符合"标准"规定的最低标准，属于强制实行的标准，不发证书，生产者必须执行。

优质级农产品，经生产者申请，由认证机构根据相关标准审查合格后，发放质量认证证书和相应的标志。

出口级农产品，经生产者申请，由认证机构对其生产过程进行审查合格后，发放准予出口农产品的产品认证证书和标志，并向外界推荐此类农产品。

## 30. 如何实现农产品生产全程监控？

强化全程监管力度，保障农产品质量安全，必须树立全程监管理念，坚持预防为主、源头治理的工作思路。

**（1）加强产地环境监管**

严格控制工业"三废"和城市生活垃圾对农业生态环境和农产品的污染，建立农产品产地环境普查和定点监测制度，实施基本农田质量普查监测计划，加强产地环境的整治和净化工作。

**（2）加强对农业投入品的监管**

建立健全市场准入制度，加大市场监管，整顿规范市场秩序，严厉打击制售、使用假冒伪劣农资行为。加大对剧毒、高毒农药的监管力度，大力推广高效低毒低残留农药。推进种植业产品、畜产品、水产品专项整治，确保突出问题能管住，关键措施能到位，整治工作有成效。积极开展放心农资下乡进村活动，大力推行农资连锁经营、农资直供等多种模式，加快推进农资信誉体系建设，不断完善农资监管长效机制。

**（3）加强动植物疫病的监控**

坚持"预防为主、综合防治"的方针，加大对水生、陆生动植物保护力度，加快无规定动植物疫病区建设，提高区域动植物疫病控制能力。

**（4）强化对"菜篮子"产品质量安全的监管**

重点监控农药、兽药、鱼药残留以及饲料添加剂等有毒有害物质。建立健全农产品质量安全监测制度，积极开展监督或专项抽查。强化对农产品质量安全的一线监管，防止个别企业、产品出现质量安全问题，给全行业甚至整个农产品供给造成不应有的损失。建立统一的农产品质量信息发布制度，自觉接受社会和舆论的监督。严格信息发布规范，维护好生产者和消费者的合法权益。

**（5）加强市场监管**

按照先行试点、逐步推开的原则，加快推进市场准入制度建设。选择重点农产品生产企业或农民专业合作经济组织，重点农产品生产基地以及批发市场、超市，引导他们对基地生产的产品进行自检，做到产地准出；帮助农产品批发市场、超市建立监测报告制度，做到产品准入；引导农产品生产企业、农民专业合作经济组织推行产品包装贴牌上市，做到产品可追溯。

## 31. 如何开展农业标准化生产？

开展农业标准化生产，农业生产者本身应有很强的标准化意识，在标准实施的过程中，从产前的生产资料的准备、农业生产环境的检测，生产过程中的农业生产技术规范，到产后的加工、贮运每一个环节，对照标准进行自我检查，对不符合标准的行为通过自我监督予以纠正，以达到农业标准化生产的目的。

生产过程建立台账制度，对生产资料的采购、各种标准实施的记录、检验检测记录，同时对标准实施的计划、组织、措施等进行书面记录，便于以后的查账。

# 第二章　豇豆全产业链标准化生产技术体系

## 32. 为什么要加强豇豆全产业链标准化生产技术建设？

标准化生产是农产品对接国际市场的前提，也是全面贯彻中央一号文件和习近平总书记关于食品安全的"四个最严"等重要指示精神，落实农业农村部《农业生产"三品一标"提升行动实施方案》、推动整个产业的健康可持续发展。通过豇豆标准化生产技术，把豇豆产业产前、产中、产后各个环节纳入按标生产、依标监管的轨道，以农业标准化提升产品质量，促进豇豆产业健康可持续发展。

## 33. 豇豆全产业链标准化生产技术体系应包括哪些内容？

豇豆全产业链标准化生产技术体系主要包括以下方面内容：

**（1）基础与通用体系**

将与标准体系建设和豇豆产业发展相关的术语分类、图形符号、词汇、通用标准等归为一个分体系，作为对豇豆产业标准体系的基础支撑，包括基础标准和通用标准2个子体系。

**（2）产地环境体系**

豇豆的生长发育离不开产地环境，产地环境包括土壤环境质量、农业用水、农区空气及农业投入品等。

**（3）设施设备体系**

设施设备的标准分为栽培设施设备、植物保护设备和加工设施设备3个子体系。在栽培设施方面，主要包括设施大棚和水肥一体化技术等质量要求和使用技术规范；在植保设施方面，主要包括防虫网、杀虫灯、诱虫板，喷药器械等质量要求和使用技术规范；豇豆加工方面的设施设备还很少，未来需要制定标准明确质量要求和规范使用。

**（4）种质资源体系**

豇豆种质资源主要分为野生资源、地方品种、选育品种、品系和遗传材料，包括收集与保存、种质资源描述和鉴定与评价 3 个子体系。

**（5）品种培育和管理体系**

本分体系包括品种培育和种子繁育 2 个子体系。通过加强品种培育和管理的标准建设，有效规范和指导品种选育和上市销售等环节，促进豇豆种业健康发展和知识产权保护。

**（6）农业投入品体系**

根据农业投入品质量要求与使用规范的适用范围，本分体系的主要内容包括肥料、农药及其他 3 个子体系，豇豆生产过程中的农业投入品主要有肥料、农药、地膜等。规定豇豆农业投入品的质量要求和使用规范，有利于建立豇豆田肥料和农药环境安全评价体系，减少农业投入品残留，保证豇豆产品质量。此外，豇豆生产过程中的其他投入品如地膜、绑绳的质量要求和回收、降解处理等问题，有利于生态农业发展。

**（7）栽培管理体系**

豇豆的栽培管理主要包括改进农艺措施、土水肥管理、花果调控技术和设施栽培等方面。本分体系按主要技术要求分为露地栽培和设施栽培 2 个子体系。露地栽培为广大豇豆种植户普遍采用的栽培方式。设施栽培有利于减少豇豆虫害发生，保障豇豆的质量安全，并可避开极端恶劣天气的影响，具有广阔的应用前景。

**（8）植物保护体系**

本体系的内容主要包括检疫鉴定、监测预警、风险评估和防控技术 4 个子体系。检疫鉴定规定了豇豆检疫性病虫害的鉴定技术方法，监测预警是现代农业日常管理工作中的有效手段，风险评估豇豆主要病虫害风险评估的技术规程，防控技术主要包括农业防治、生物防治、理化诱控、科学用药和免疫诱控等内容。豇豆病虫害多发重发、防治困难已成为制约豇豆产业发展的首要问题。做好豇豆的植物保护，加强检疫鉴定、病虫害监测、风险评估和提高绿色防控技术水平，对保证豇豆的产品质量安全和提质增效至关重要。

**（9）加工体系**

豇豆主要以鲜品上市，少数简单制作成酸豆角或晒干，加工产品少且单一。豇豆适宜晒制（脱水）加工、腌制加工、净菜加工、超微粉加工等制品加工，需要开展豇豆加工技术的标准建设。

**（10）产品质量与检验体系**

该体系主要包括产品质量、安全卫生与抽样检验 3 个子体系。产品质量是农业标准化的重要内容，豇豆具有丰富的营养，其长短、色泽、形状及病虫害危害程度等情况都是外在商品性价值高低评价标准，也是影响收购价格和消费者购买的重要因素。安全卫生涉及豇豆的质量安全、污染物污染和农药残留等，也是绿色豇豆和有机豇豆认证的重要条件。抽样检验是实施豇豆产品质量安全管理的重要手段。

**（11）流通管理体系**

豇豆的流通管理包括从生产的田间地头到运输、上市销售等，期间要经过多重渠道和环节。本分体系包括包装标识、贮藏运输、商品流通、产品追溯和品牌管理 5 个子体系。

**（12）其他**

随着产业发展和社会的不断进步，涉及的相关领域还有社会化服务、农业机械化和智慧农业等。

## 34. 豇豆全产业链主要有哪些标准？

豇豆全产业链标准化生产技术体系共包含 400 多项可借鉴参考的标准，包括已发布实施的国家标准、行业标准和部分地方标准。具体见豇豆全产业链标准化生产技术体系标准明细表。

## 豇豆全产业链标准化生产技术体系标准明细表

| 对应标准体系 | | 序号 | 标准类别 | 标准号 | 标准名称 | 备注 |
|---|---|---|---|---|---|---|
| 1. 基础与通用 | 1.1 基础标准 | 1 | 国家标准 | GB/T 1.1—2020 | 标准化工作导则 第 1 部分：标准化文件的结构和起草规则 | |
| | | 2 | 国家标准 | GB/T 12366—2009 | 综合标准化工作指南 | |
| | | 3 | 国家标准 | GB/T 13016—2018 | 标准体系构建原则和要求 | |
| | | 4 | 国家标准 | GB/T 31600—2015 | 农业综合标准化工作指南 | |
| | | 5 | 地方标准 | DB46/T 74—2021 | 地方标准制修订工作规范 | |
| | | 6 | 地方标准 | DB 46/T 566—2022 | 产业标准体系实施工作指南 | |
| | 1.2 通用标准 | 1 | 国家标准 | GB/T 20014.1—2015 | 良好农业规范 第 1 部分：术语 | |
| | | 2 | 国家标准 | GB/T 31736—2015 | 特色农业 基础术语 | |
| | | 3 | 行业标准 | NY/T 1667（所有部分） | 农药登记管理 术语 | |
| | | 4 | 行业标准 | NY/T 3034—2016 | 土壤调理剂 通用要求 | |
| | | 5 | 行业标准 | NY/T 3177—2018 | 农产品分类与代码 | |
| | | 6 | 地方标准 | DB46/T 596—2023 | 农产品全产业链生产规范 豇豆 | |
| 2. 产地环境 | | 1 | 国家标准 | GB 3095—2012 | 环境空气质量标准 | |
| | | 2 | 国家标准 | GB 5084—2021 | 农田灌溉水质标准 | |
| | | 3 | 国家标准 | GB 15618—2018 | 土壤环境质量 农用地土壤污染风险管控（试行） | |
| | | 4 | 国家标准 | GB/T 33469—2016 | 耕地质量等级 | |
| | | 5 | 行业标准 | HJ 332—2006 | 食用农产品产地环境质量评价标准 | |
| | | 6 | 行业标准 | HJ 333—2006 | 温室蔬菜产地环境质量评价标准 | |

（续）

| 对应标准体系 | | 序号 | 标准类别 | 标准号 | 标准名称 | 备注 |
|---|---|---|---|---|---|---|
| 2. 产地环境 | | 7 | 行业标准 | NY/T 391—2021 | 绿色食品　产地环境质量 | |
| | | 8 | 行业标准 | NY/T 848—2004 | 蔬菜产地环境技术条件 | |
| | | 9 | 行业标准 | NY/T 1054—2021 | 绿色食品　产地环境调查、监测与评价规范 | |
| | | 10 | 行业标准 | NY/T 1121.6—2006 | 土壤检测　第6部分：土壤有机质的测定 | |
| | | 11 | 行业标准 | NY/T 2173—2012 | 耕地质量预警规范 | |
| | | 12 | 行业标准 | NY/T 2149—2012 | 农产品产地安全质量适宜性评价技术规范 | |
| | | 13 | 行业标准 | NY/T 2872—2015 | 耕地质量划分规范 | |
| | | 14 | 行业标准 | NY/T 5010—2016 | 无公害农产品　种植业产地环境条件 | |
| | | 15 | 行业标准 | NY/T 5295—2015 | 无公害农产品　产地环境评价准则 | |
| | | 16 | 行业标准 | RB/T 165.1—2018 | 有机产品产地环境适宜性评价技术规范　第1部分：植物类产品 | |
| 3. 设施设备 | 3.1 栽培设施设备 | 1 | 国家标准 | GB/T 13664—2006 | 低压输水灌溉用硬聚氯乙烯（PVC-U）管材 | |
| | | 2 | 国家标准 | GB/T 18025—2000 | 农业灌溉设备　电动或电控灌溉机械的电气设备和布线 | |
| | | 3 | 国家标准 | GB/T 18689—2009 | 农业灌溉设备　小型手动塑料阀 | |
| | | 4 | 国家标准 | GB/T 18692—2002 | 农业灌溉设备　直动式压力调节器 | |
| | | 5 | 国家标准 | GB/T 19791—2005 | 温室防虫网设计安装规范 | |
| | | 6 | 国家标准 | GB/T 19792—2012 | 农业灌溉设备　水动化肥—农药注入泵 | |
| | | 7 | 国家标准 | GB/Z 19798—2005 | 农业灌溉设备　自动灌溉系统水力控制 | |
| | | 8 | 国家标准 | GB/T 19812.1—2017 | 塑料节水灌溉器材　第1部分：单翼迷宫式滴灌带 | |
| | | 9 | 国家标准 | GB/T 19812.2—2017 | 塑料节水灌溉器材　第2部分：压力补偿式滴头及滴灌管 | |
| | | 10 | 国家标准 | GB/T 19812.3—2017 | 塑料节水灌溉器材　第3部分：内镶式滴灌管及滴灌带 | |

（续）

| 对应标准体系 | | 序号 | 标准类别 | 标准号 | 标准名称 | 备注 |
|---|---|---|---|---|---|---|
| 3. 设施设备 | 3. 1 栽培设施设备 | 11 | 国家标准 | GB/T 19812. 4—2018 | 塑料节水灌溉器材 第 4 部分：聚乙烯（PE）软管 | |
| | | 12 | 国家标准 | GB/T 19812. 5—2019 | 塑料节水灌溉器材 第 5 部分：地埋式滴灌管 | |
| | | 13 | 国家标准 | GB/T 19812. 6—2022 | 塑料节水灌溉器材 第 6 部分：输水用聚乙烯（PE）管材 | |
| | | 14 | 国家标准 | GB/Z 19798—2005 | 农业灌溉设备 自动灌溉系统水力控制 | |
| | | 15 | 国家标准 | GB/T 21401—2008 | 农业灌溉设备 铝灌溉管 | |
| | | 16 | 国家标准 | GB/T 21402—2008 | 农业灌溉设备 水头控制器 | |
| | | 17 | 国家标准 | GB/T 23821—2009 | 机械安全 防止上下肢触及危险区的安全距离 | |
| | | 18 | 国家标准 | GB/T 25403—2010 | 农业灌溉设备用试验装置 | |
| | | 19 | 国家标准 | GB/T 25412—2021 | 残地膜回收机 | |
| | | 20 | 国家标准 | GB/T 50363—2018 | 节水灌溉工程技术标准 | |
| | | 21 | 国家标准 | GB/T 50485—2020 | 微灌工程技术标准 | |
| | | 22 | 国家标准 | GB/T 50769—2012 | 节水灌溉工程验收规范 | |
| | | 23 | 国家标准 | GB/T 51057—2015 | 种植塑料大棚工程技术规范 | |
| | | 24 | 国家标准 | GB/T 51183—2016 | 农业温室结构荷载规范 | |
| | | 25 | 行业标准 | NY/T 1361—2007 | 农业灌溉设备 微喷带 | |
| | | 26 | 行业标准 | NY/T 1368—2007 | 微喷头及管件质量评价技术规范 | |
| | | 27 | 行业标准 | NY/T 1227—2019 | 残地膜回收机 作业质量 | |
| | | 28 | 行业标准 | NY/T 2080—2011 | 旱作节水农业工程项目建设规范 | |
| | | 29 | 行业标准 | NY/T 2086—2011 | 残地膜回收机操作技术规程 | |
| | | 30 | 行业标准 | QB/T 2000—2017 | 塑料经编遮阳网 | |

（续）

| 对应标准体系 | | 序号 | 标准类别 | 标准号 | 标准名称 | 备注 |
|---|---|---|---|---|---|---|
| 3. 设备 | 3.2 植保设施设备 | 1 | 国家标准 | GB 10395.6—2006 | 农林拖拉机和机械　安全技术要求　第6部分：植物保护机械 | |
| | | 2 | 国家标准 | GB/T 24689.1—2009 | 植物保护机械　虫情测报灯 | |
| | | 3 | 国家标准 | GB/T 24689.2—2017 | 植物保护机械　杀虫灯 | |
| | | 4 | 国家标准 | GB/T 24689.3—2009 | 植物保护机械　孢子捕捉仪（器） | |
| | | 5 | 国家标准 | GB/T 24689.4—2009 | 植物保护机械　诱虫板 | |
| | | 6 | 国家标准 | GB/T 24689.5—2009 | 植物保护机械　农林生态远程实时监测系统 | |
| | | 7 | 国家标准 | GB/T 24689.6—2009 | 植物保护机械　农林小气候信息采集系统 | |
| | | 8 | 国家标准 | GB/T 24689.7—2009 | 植物保护机械　农林作物病虫观测场 | |
| | | 9 | 国家标准 | GB/T 33006—2016 | 静电喷雾器　技术要求 | |
| | | 10 | 行业标准 | JB/T 6661—2015 | 喷雾器 | |
| | | 11 | 行业标准 | NY 1135—2006 | 植保机械安全认证通用技术要求 | |
| | | 12 | 行业标准 | NY/T 3697—2020 | 农用诱虫灯应用技术规范 | |
| | | 13 | 行业标准 | LY/T 1915—2010 | 诱虫灯林间使用技术规程 | |
| | 3.3 加工设施设备 | 1 | 国家标准 | GB/T 22747—2022 | 饮食加工设备　基本要求 | |
| | | 2 | 国家标准 | GB/T 30785—2014 | 食品加工设备　术语 | |
| | | 3 | 行业标准 | JB/T 12448—2015 | 果蔬鲜切机 | |

21

（续）

| 对应标准体系 | | 序号 | 标准类别 | 标准号 | 标准名称 | 备注 |
|---|---|---|---|---|---|---|
| 4. 种质资源 | 4.1 收集与保存 | 1 | 国家标准 | GB/T 7415—2008 | 农作物种子贮藏 | |
| | | 2 | 国家标准 | GB 20464—2006 | 农作物种子标签通则 | |
| | | 3 | 行业标准 | NY/T 2821—2015 | 热带作物种质资源收集技术规程 | |
| | | 4 | 行业标准 | NY/T 3757—2020 | 农作物种质资源调查收集技术规范 | |
| | | 5 | 行业标准 | NY/T 4152—2022 | 农作物种质资源圃建设规范 低温种质库 | |
| | 4.2 种质资源描述 | 1 | 行业标准 | NY/T3238—2018 | 热带作物种质资源 术语 | |
| | 4.3 鉴定与评价 | 1 | 国家标准 | GB/T 15666—1995 | 豆类试验方法 | |
| | | 2 | 国家标准 | GB/T 38551—2020 | 植物品种鉴定 MNP标记法 | |
| | | 3 | 行业标准 | NY/T 1737—2009 | 引进农作物种质资源试种鉴定技术规程 | |
| | | 4 | 行业标准 | NY/T 2594—2016 | 植物品种鉴定 DNA分子标记法总则 | |
| 5. 品种培育与管理 | 5.1 品种培育 | 1 | 国家标准 | GB/T 19557.1—2004 | 植物新品种特异性、一致性和稳定性测试指南 总则 | |
| | | 2 | 行业标准 | NY/T 2344—2013 | 植物新品种特异性、一致性和稳定性测试指南 长豇豆 | |
| | | 3 | 行业标准 | NY 2619—2014 | 瓜菜类种子 豆类（菜豆、长豇豆、豌豆） | |
| | 5.2 种子繁育 | 1 | 行业标准 | NY/T 1213—2006 | 豆类蔬菜种子繁育技术规程 | |
| 6. 农业投入品 | 6.1 肥料 | 1 | 国家标准 | GB/T 2440—2017 | 尿素 | |
| | | 2 | 国家标准 | GB/T 15063—2020 | 复合肥料 | |
| | | 3 | 国家标准 | GB/T 17419—2018 | 含有机质叶面肥料 | |
| | | 4 | 国家标准 | GB/T 17420—2020 | 微量元素叶面肥料 | |

（续）

| 对应标准体系 | | 序号 | 标准类别 | 标准号 | 标准名称 | 备注 |
|---|---|---|---|---|---|---|
| 6. 农业投入品 | 6.1 肥料 | 5 | 国家标准 | GB 20287—2006 | 农用微生物菌剂 | |
| | | 6 | 国家标准 | GB/T 25246—2010 | 畜禽粪便还田技术规范 | |
| | | 7 | 国家标准 | GB/T 34319—2017 | 硼镁肥料 | |
| | | 8 | 行业标准 | NY/T 394—2021 | 绿色食品　肥料使用准则 | |
| | | 9 | 行业标准 | NY/T 496—2010 | 肥料合理使用准则　通则 | |
| | | 10 | 行业标准 | NY/T 525—2021 | 有机肥料 | |
| | | 11 | 行业标准 | NY/T 798—2015 | 复合微生物肥料 | |
| | | 12 | 行业标准 | NY/T 1334—2007 | 畜禽粪便安全使用准则 | |
| | | 13 | 行业标准 | NY 1428—2010 | 微量元素水溶肥料 | |
| | | 14 | 行业标准 | NY 1429—2010 | 含氨基酸水溶肥料 | |
| | | 15 | 行业标准 | NY/T 1535—2007 | 肥料合理使用准则　微生物肥料 | |
| | | 16 | 行业标准 | NY/T 1868—2021 | 肥料合理使用准则　有机肥料 | |
| | | 17 | 行业标准 | NY/T 2596—2014 | 沼肥 | |
| | | 18 | 行业标准 | NY/T 3442—2019 | 畜禽粪便堆肥技术规范 | |
| | | 19 | 行业标准 | NY/T 3831—2021 | 有机水溶肥料　通用要求 | |
| | | 20 | 行业标准 | NY/T 3832—2021 | 设施蔬菜施肥量控制技术指南 | |
| | 6.2 农药 | 1 | 国家标准 | GB/T 8321（所有部分） | 农药合理使用准则 | |
| | | 2 | 国家标准 | GB/T 1604—1995 | 商品农药验收规则 | |
| | | 3 | 国家标准 | GB 12475—2006 | 农药贮运、销售和使用的防毒规程 | |
| | | 4 | 行业标准 | HJ 556—2010 | 农药使用环境安全技术导则 | |

（续）

| 对应标准体系 | | 序号 | 标准类别 | 标准号 | 标准名称 | 备注 |
|---|---|---|---|---|---|---|
| 6. 农业投入品 | 6.2 农药 | 5 | 行业标准 | NY/T 393—2020 | 绿色食品 农药使用准则 | |
| | | 6 | 行业标准 | NY/T 1276—2007 | 农药安全使用规范总则 | |
| | | 7 | 行业标准 | NY/T 1997—2011 | 除草剂安全使用技术规范通则 | |
| | 6.3 其他 | 1 | 国家标准 | GB/T 35795—2017 | 全生物降解农用地面覆盖薄膜 | |
| | | 2 | 行业标准 | GB 13735—2017 | 聚乙烯吹塑农用地面覆盖薄膜 | |
| | | 3 | 行业标准 | GH/T 1354—2021 | 废旧地膜回收技术规范 | |
| 7. 栽培管理 | 7.1 露地栽培 | 1 | 国家标准 | GB/T 20203—2017 | 管道输水灌溉工程技术规范 | |
| | | 2 | 国家标准 | GB/T 50363—2018 | 节水灌溉工程技术标准 | |
| | | 3 | 国家标准 | GB/T 50485—2020 | 微灌工程技术规范 | |
| | | 4 | 行业标准 | NY/T 1118—2006 | 测土配方施肥技术规范 | |
| | | 5 | 行业标准 | NY/T 1749—2009 | 南方地区耕地土壤肥力诊断与评价 | |
| | | 6 | 行业标准 | NY/T 2623—2014 | 灌溉施肥技术规范 | |
| | | 7 | 行业标准 | NY/T 2624—2014 | 水肥一体化技术规范 总则 | |
| | | 8 | 行业标准 | NY/T 2625—2014 | 节水农业技术术语 总则 | |
| | | 9 | 行业标准 | NY/T 2911—2016 | 测土配方施肥技术规程 | |
| | | 10 | 行业标准 | NY/T 3528—2019 | 耕地土壤墒情遥感监测规范 | |
| | | 11 | 行业标准 | NY/T 5079—2002 | 无公害食品 豇豆生产技术规程 | |
| | 7.2 设施栽培 | 1 | 行业标准 | NY/T 3244—2018 | 设施蔬菜灌溉施肥技术规范 | |
| | | 2 | 行业标准 | NY/T 3696—2020 | 设施蔬菜水肥一体化技术规范 | |
| | | 3 | 行业标准 | NY/T 4449—2023 | 蔬菜地防虫网应用技术规程 | |

（续）

| 对应标准体系 | | 序号 | 标准类别 | 标准号 | 标准名称 | 备注 |
|---|---|---|---|---|---|---|
| 8. 植物保护 | 8.1 检疫鉴定 | 1 | 国家标准 | GB/T 3543（所有部分） | 农作物种子检验规程 | |
| | | 2 | 国家标准 | GB 15569—2009 | 农业植物调运检疫规程 | |
| | | 3 | 国家标准 | GB/T 28076—2011 | 三叶斑潜蝇检疫鉴定方法 | |
| | | 4 | 国家标准 | GB/T 31805—2015 | 豇豆重花叶病毒检疫鉴定方法 | |
| | | 5 | 国家标准 | GB/T 36814—2018 | 进境植物隔离检疫圃的设计和操作 | |
| | | 6 | 行业标准 | SN/T 1581—2014 | 对境外繁育农作物种子检疫规程 | |
| | | 7 | 行业标准 | SN/T 1848—2022 | 植物有害生物鉴定规范 | |
| | | 8 | 行业标准 | SN/T 2084—2008 | 两花蓟马检疫鉴定方法 | |
| | | 9 | 行业标准 | SN/T 2476—2010 | 进境植物繁殖材料检疫 | |
| | | 10 | 行业标准 | SN/T 3283—2012 | 进境植物及其产品转基因检验规程 | |
| | | 11 | 行业标准 | SN/T 4329—2015 | 进境植物种苗口岸考核要求 | |
| | | 12 | 行业标准 | NY/T 2867—2015 | 西花蓟马鉴定技术规范 | |
| | | 13 | 行业标准 | NY/T 3042—2016 | 国（境）外引进种苗疫情监测规范 | |
| | 8.2 监测预警 | 1 | 国家标准 | GB/T 27615—2011 | 有害生物报告指南 | |
| | | 2 | 国家标准 | GB/T 27618—2011 | 植物有害生物调查监测指南 | |
| | | 3 | 国家标准 | GB/T 27619—2011 | 植物有害生物发生状况确定指南 | |
| | | 4 | 行业标准 | NY/T 1992—2011 | 农业植物保护专业统计规范 | |
| | | 5 | 行业标准 | NY/T 3253—2018 | 农作物害虫性诱监测技术规范（夜蛾类） | |
| | | 6 | 行业标准 | NY/T 3254—2018 | 农作物害虫性诱监测技术规范（螟蛾类） | |
| | | 7 | 行业标准 | SN/T 3175—2012 | 有害生物监测通用要求 | |

（续）

| 对应标准体系 | | 序号 | 标准类别 | 标准号 | 标准名称 | 备注 |
|---|---|---|---|---|---|---|
| 8. 植物保护 | 8.3 风险评估 | 1 | 国家标准 | GB/T 20879—2007 | 进出境植物和植物产品有害生物风险分析技术要求 | |
| | | 2 | 国家标准 | GB/T 21658—2008 | 进出境植物和植物产品有害生物风险分析工作指南 | |
| | | 3 | 国家标准 | GB/T 23633—2009 | 植物病毒和类病毒风险分析指南 | |
| | | 4 | 国家标准 | GB/T 27616—2011 | 有害生物风险分析框架 | |
| | | 5 | 国家标准 | GB/T 27617—2011 | 有害生物风险管理综合措施 | |
| | | 6 | 行业标准 | NY/T 1851—2010 | 外来草本植物引入风险评估技术规范 | |
| | | 7 | 行业标准 | NY/T 1859.1—2010 | 农药抗性风险评估 第1部分：总则 | |
| | | 8 | 行业标准 | NY/T 1859.2—2012 | 农药抗性风险评估 第2部分：卵菌对杀菌剂抗药性风险评估 | |
| | | 9 | 行业标准 | NY/T 1859.3—2012 | 农药抗性风险评估 第3部分：蚜虫对拟除虫菊酯类杀虫剂抗药性风险评估 | |
| | | 10 | 行业标准 | NY/T 1859.5—2014 | 农药抗性风险评估 第5部分：十字花科蔬菜小菜蛾抗药性风险评估 | |
| | | 11 | 行业标准 | NY/T 1859.9—2017 | 农药抗性风险评估 第9部分：蚜虫对新烟碱类杀虫剂抗药性风险评估 | |
| | | 12 | 行业标准 | NY/T 1859.11—2017 | 农药抗性风险评估 第11部分：植物病原细菌对杀菌剂抗药性风险评估 | |
| | | 13 | 行业标准 | NY/T 2882.1—2016 | 农药登记 环境风险评估指南 第1部分：总则 | |
| | | 14 | 行业标准 | NY/T 3153—2017 | 农药施用人员健康风险评估指南 | |

（续）

| 对应标准体系 | | 序号 | 标准类别 | 标准号 | 标准名称 | 备注 |
|---|---|---|---|---|---|---|
| 8. 植物保护 | 8.4 防控技术 | 1 | 国家标准 | GB/T 23416.1—2009 | 蔬菜病虫害安全防治技术规范　第 1 部分：总则 | |
| | | 2 | 国家标准 | GB/T 23416.7—2009 | 蔬菜病虫害安全防治技术规范　第 7 部分：豆类 | |
| | | 3 | 国家标准 | GB/T 27620—2011 | 植物有害生物根除指南 | |
| | | 4 | 国家标准 | GB/T 37803—2019 | 种植用植物有害生物综合管理措施 | |
| | | 5 | 行业标准 | NY/T 1225—2006 | 喷雾器安全施药技术规范 | |
| | | 6 | 行业标准 | NY/T 1876—2010 | 喷杆式喷雾机安全施药技术规范 | |
| | | 7 | 行业标准 | NY/T 1923—2010 | 背负式喷雾机安全施药技术规范 | |
| | | 8 | 行业标准 | NY/T 2158—2012 | 美洲斑潜蝇防治技术规程 | |
| | | 9 | 行业标准 | NY/T 2193—2012 | 常温烟雾机安全施药技术规范 | |
| | | 10 | 行业标准 | NY/T 2727—2015 | 蔬菜烟粉虱抗药性药剂监测技术规程 | |
| | | 11 | 行业标准 | NY/T 2849—2015 | 风送式喷雾机安全施药技术规范 | |
| | | 12 | 行业标准 | NY/T 3265.1—2018 | 丽蚜小蜂使用规范　第 1 部分：防控蔬菜温室粉虱 | |
| | | 13 | 行业标准 | NY/T 3539—2020 | 叶螨抗药性监测技术规程 | |
| | | 14 | 行业标准 | NY/T 3635—2020 | 释放捕食螨防治害虫（螨）技术规程 | 设施蔬菜 |
| | | 15 | 行业标准 | NY/T 3637—2020 | 蔬菜蓟马类害虫综合防治技术规程 | |
| | | 16 | 行业标准 | NY/T 4023—2021 | 豇豆主要病虫害绿色防控技术规程 | |
| | | 17 | 地方标准 | DB46/T 261—2013 | 豇豆菜螟防治技术规程 | |
| | | 18 | 地方标准 | DB46/T 427—2017 | 豇豆病虫害防治技术规范 | |

（续）

| 对应标准体系 | | 序号 | 标准类别 | 标准号 | 标准名称 | 备注 |
|---|---|---|---|---|---|---|
| 9. 加工 | | 1 | 国家标准 | GB 2760—2014 | 食品安全国家标准 食品添加剂使用标准 | |
| | | 2 | 国家标准 | GB 5749—2006 | 生活饮用水卫生标准 | |
| | | 3 | 国家标准 | GB 25574—2010 | 食品安全国家标准 食品添加剂 次氯酸钠 | |
| | | 4 | 行业标准 | NY/T 714—2003 | 脱水蔬菜通用技术条件 | |
| | | 5 | 行业标准 | NY/T 1529—2007 | 鲜切蔬菜加工技术规范 | |
| | | 6 | 行业标准 | NY/T 3095—2017 | 加工农产品中农药残留试验准则 | |
| | | 7 | 行业标准 | SB/T 10583—2011 | 净菜加工配送技术要求 | |
| 10. 产品质量与检验 | 10.1 产品质量 | 1 | 国家标准 | GB/T 40841—2021 | 跨境电子商务 产品质量评价结果交换指南 | |
| | | 2 | 行业标准 | NY/T 2714—2015 | 农产品等级规格评定技术规范 通则 | |
| | | 3 | 行业标准 | SN/T 4837—2017 | 进出口商品质量安全风险信息危害等级评估方法 基于产品不合格项的危害等级评估 | |
| | | 4 | 行业标准 | GH/T 1177—2017 | 速冻豇豆 | |
| | | 5 | 行业标准 | NY/T 285—2021 | 绿色食品 豆类 | |
| | | 6 | 行业标准 | NY/T 748—2020 | 绿色食品 豆类蔬菜 | |
| | | 7 | 行业标准 | NY/T 965—2006 | 豇豆 | |
| | | 8 | 行业标准 | NY/T 1045—2014 | 绿色食品 脱水蔬菜 | |
| | | 9 | 行业标准 | NY/T 1406—2018 | 绿色食品 速冻蔬菜 | |
| | 10.2 安全卫生 | 1 | 国家标准 | GB 2761—2017 | 食品安全国家标准 食品中真菌毒素限量 | |
| | | 2 | 国家标准 | GB 2762—2022 | 食品安全国家标准 食品中污染物限量 | |
| | | 3 | 国家标准 | GB 2763—2021 | 食品安全国家标准 食品中农药最大残留限量 | |
| | | 4 | 行业标准 | NY/T 2887—2016 | 农药产品质量分析方法确认指南 | |

（续）

| 对应标准体系 | | 序号 | 标准类别 | 标准号 | 标准名称 | 备注 |
|---|---|---|---|---|---|---|
| | | 1 | 国家标准 | GB 4789.1—2016 | 食品安全国家标准 食品微生物学检验 总则 | |
| | | 2 | 国家标准 | GB/T 5009.19—2008 | 食品中有机氯农药多组分残留量的测定 | |
| | | 3 | 国家标准 | GB/T 5009.20—2003 | 食品中有机磷农药残留量的测定 | |
| | | 4 | 国家标准 | GB/T 5009.38—2003 | 蔬菜、水果卫生标准的分析方法 | |
| | | 5 | 国家标准 | GB 5009.82—2016 | 食品安全国家标准 食品中维生素 A、D、E 的测定 | |
| | | 6 | 国家标准 | GB 5009.83—2016 | 食品安全国家标准 食品中胡萝卜素的测定 | |
| | | 7 | 国家标准 | GB 5009.84—2016 | 食品安全国家标准 食品中维生素 $B_1$ 的测定 | |
| | | 8 | 国家标准 | GB 5009.85—2016 | 食品安全国家标准 食品中维生素 $B_2$ 的测定 | |
| | | 9 | 国家标准 | GB 5009.86—2016 | 食品安全国家标准 食品中抗坏血酸的测定 | |
| 10. 产品质量与检验 | 10.3 抽样检验 | 10 | 国家标准 | GB 5009.88—2014 | 食品安全国家标准 食品中膳食纤维的测定 | |
| | | 11 | 国家标准 | GB 5009.89—2016 | 食品安全国家标准 食品中烟酸和烟酰胺的测定 | |
| | | 12 | 国家标准 | GB/T 5009.102—2003 | 植物性食品中辛硫磷农药残留量的测定 | |
| | | 13 | 国家标准 | GB/T 5009.103—2003 | 植物性食品中甲胺磷和乙酰甲胺磷农药残留量的测定 | |
| | | 14 | 国家标准 | GB/T 5009.104—2003 | 植物性食品中氨基甲酸酯类农药残留量的测定 | |
| | | 15 | 国家标准 | GB/T 5009.110—2003 | 植物性食品中氯氰菊酯、氰戊菊酯和溴氰菊酯残留量的测定 | |
| | | 16 | 国家标准 | GB 5009.123—2014 | 食品安全国家标准 食品中铬的测定 | |
| | | 17 | 国家标准 | GB/T 5009.144—2003 | 植物性食品中甲基异柳磷残留量的测定 | |
| | | 18 | 国家标准 | GB/T 5009.145—2003 | 植物性食品中有机磷和氨基甲酸酯类农药多种残留的测定 | |
| | | 19 | 国家标准 | GB/T 5009.146—2008 | 植物性食品中有机氯和拟除虫菊酯类农药多种残留量的测定 | |
| | | 20 | 国家标准 | GB 5009.185—2016 | 食品安全国家标准 食品中展青霉素的测定 | |

（续）

| 对应标准体系 | 序号 | 标准类别 | 标准号 | 标准名称 | 备注 |
|---|---|---|---|---|---|
| | 21 | 国家标准 | GB/T 5009.188—2003 | 蔬菜、水果中甲基托布津、多菌灵的测定 | |
| | 22 | 国家标准 | GB/T 5009.199—2003 | 蔬菜中有机磷和氨基甲酸酯类农药残留量快速检测 | |
| | 23 | 国家标准 | GB/T 5009.218—2008 | 水果和蔬菜中多种农药残留量的测定 | |
| | 24 | 国家标准 | GB 5009.268—2016 | 食品安全国家标准 食品中多元素的测定 | |
| | 25 | 国家标准 | GB/T 10467—1989 | 水果和蔬菜产品中挥发性酸度的测定方法 | |
| | 26 | 国家标准 | GB/T 12399—1996 | 食物中硒的测定方法 | |
| | 27 | 国家标准 | GB/T 13108—1991 | 植物性食品中稀土的测定方法 | |
| | 28 | 国家标准 | GB/T 14553—2003 | 粮食、水果和蔬菜中有机磷农药测定 气相色谱法 | |
| 10. 产品质量与检验 10.3 抽样检验 | 29 | 国家标准 | GB/T 18630—2002 | 蔬菜中有机磷及氨基甲酸酯类农药残留量的简易检验方法（酶抑制法） | |
| | 30 | 国家标准 | GB/T 20769—2008 | 水果和蔬菜中 450 种农药及相关化学品残留量的测定 液相色谱-串联质谱法 | |
| | 31 | 国家标准 | GB 23200.3—2016 | 食品安全国家标准 除草剂残留量检测方法 第 3 部分：液相色谱-质谱/质谱法测定 食品中环己酮类除草剂残留量 | |
| | 32 | 国家标准 | GB 23200.4—2016 | 食品安全国家标准 除草剂残留量检测方法 第 4 部分：气相色谱-质谱/质谱法测定 食品中芳氧苯氧丙酸酯类除草剂残留量 | |
| | 33 | 国家标准 | GB 23200.5—2016 | 食品安全国家标准 除草剂残留量检测方法 第 5 部分：液相色谱-质谱/质谱法测定 食品中硫代氨基甲酸酯类除草剂残留量 | |
| | 34 | 国家标准 | GB 23200.6—2016 | 食品安全国家标准 除草剂残留量检测方法 第 6 部分：液相色谱-质谱/质谱法测定 食品中杀草强残留量 | |
| | 35 | 国家标准 | GB 23200.8—2016 | 食品安全国家标准 水果和蔬菜中 500 种农药及相关化学品残留量的测定 气相色谱-质谱法 | |

（续）

| 对应标准体系 | 序号 | 标准类别 | 标准号 | 标准名称 | 备注 |
|---|---|---|---|---|---|
| | 36 | 国家标准 | GB 23200.16—2016 | 食品安全国家标准　水果和蔬菜中乙烯利残留量的测定　气相色谱法 | |
| | 37 | 国家标准 | GB 23200.17—2016 | 食品安全国家标准　水果和蔬菜中噻菌灵残留量的测定　液相色谱法 | |
| | 38 | 国家标准 | GB 23200.18—2016 | 食品安全国家标准　蔬菜中非草隆等 15 种取代脲类除草剂残留量的测定　液相色谱法 | |
| | 39 | 国家标准 | GB 23200.19—2016 | 食品安全国家标准　水果和蔬菜中阿维菌素残留量的测定　液相色谱法 | |
| | 40 | 国家标准 | GB 23200.24—2016 | 食品安全国家标准　粮谷和大豆中 11 种除草剂残留量的测定　气相色谱-质谱法 | |
| 10. 产品质量与检验 | 41 | 国家标准 | GB 23200.29—2016 | 食品安全国家标准　水果和蔬菜中唑螨酯残留量的测定　液相色谱法 | |
| 10. 3 抽样检验 | 42 | 国家标准 | GB 23200.33—2016 | 食品安全国家标准　食品中解草嗪、莎稗磷、二丙烯草胺等 110 种农药残留量的测定　气相色谱-质谱法 | |
| | 43 | 国家标准 | GB 23200.34—2016 | 食品安全国家标准　食品中涕灭砜威、吡唑醚菌酯、嘧菌酯等 65 种农药残留量的测定　液相色谱-质谱/质谱法 | |
| | 44 | 国家标准 | GB 23200.35—2016 | 食品安全国家标准　植物源性食品中取代脲类农药残留量的测定　液相色谱-质谱法 | |
| | 45 | 国家标准 | GB 23200.36—2016 | 食品安全国家标准　植物源性食品中氯氟氰乙酸、氟硫草定、氟吡草腙和噻唑烟酸除草剂残留量的测定　液相色谱-质谱/质谱法 | |
| | 46 | 国家标准 | GB 23200.37—2016 | 食品安全国家标准　食品中烯啶虫胺、呋虫胺等 20 种农药残留量的测定　液相色谱-质谱/质谱法 | |

| 对应标准体系 | | 序号 | 标准类别 | 标准号 | 标准名称 | 备注 |
|---|---|---|---|---|---|---|
| 10. 产品质量与检验 | 10.3 抽样检验 | 47 | 国家标准 | GB 23200.38—2016 | 食品安全国家标准 植物源性食品中环己烯酮类除草剂残留量的测定 液相色谱-质谱/质谱法 | |
| | | 48 | 国家标准 | GB 23200.39—2016 | 食品安全国家标准 食品中噻虫嗪及其代谢物噻虫胺残留量的测定 液相色谱-质谱/质谱法 | |
| | | 49 | 国家标准 | GB 23200.46—2016 | 食品安全国家标准 食品中嘧霉胺、嘧菌胺、腈菌唑、嘧菌酯残留量的测定 气相色谱-质谱法 | |
| | | 50 | 国家标准 | GB 23200.50—2016 | 食品安全国家标准 食品中吡啶类农药残留量的测定 液相色谱-质谱/质谱法 | |
| | | 51 | 国家标准 | GB 23200.54—2016 | 食品安全国家标准 食品中甲氧基丙烯酸酯类杀菌剂残留量的测定 气相色谱-质谱法 | |
| | | 52 | 国家标准 | GB 23200.68—2016 | 食品安全国家标准 食品中啶酰菌胺残留量的测定 气相色谱-质谱法 | |
| | | 53 | 国家标准 | GB 23200.69—2016 | 食品安全国家标准 食品中二硝基苯胺类农药残留量的测定 液相色谱-质谱/质谱法 | |
| | | 54 | 国家标准 | GB 23200.71—2016 | 食品安全国家标准 食品中二缩甲基亚胺类农药残留量的测定 气相色谱-质谱法 | |
| | | 55 | 国家标准 | GB 23200.72—2016 | 食品安全国家标准 食品中苯酰胺类农药残留量的测定 气相色谱-质谱法 | |
| | | 56 | 国家标准 | GB 23200.76—2016 | 食品安全国家标准 食品中氟苯虫酰胺残留量的测定 液相色谱-质谱/质谱法 | |
| | | 57 | 国家标准 | GB 23200.93—2016 | 食品安全国家标准 食品中有机磷农药残留量的测定 气相色谱-质谱法 | |
| | | 58 | 国家标准 | GB 23200.108—2018 | 食品安全国家标准 植物源性食品中草铵膦残留量的测定 液相色谱-质谱联用法 | |

（续）

（续）

| 对应标准体系 | | 序号 | 标准类别 | 标准号 | 标准名称 | 备注 |
|---|---|---|---|---|---|---|
| | | 59 | 国家标准 | GB 23200.109—2018 | 食品安全国家标准 植物源性食品中二氯吡啶酸残留量的测定 液相色谱-质谱联用法 | |
| | | 60 | 国家标准 | GB 23200.110—2018 | 食品安全国家标准 植物源性食品中氯吡脲残留量的测定 液相色谱-质谱联用法 | |
| | | 61 | 国家标准 | GB 23200.111—2018 | 食品安全国家标准 植物源性食品中唑嘧磺草胺残留量的测定 液相色谱-质谱联用法 | |
| | | 62 | 国家标准 | GB 23200.112—2018 | 食品安全国家标准 植物源性食品中9种氨基甲酸酯类农药及其代谢物残留量的测定 液相色谱-柱后衍生法 | |
| | | 63 | 国家标准 | GB 23200.113—2018 | 食品安全国家标准 植物源性食品中208种农药及其代谢物残留量的测定 气相色谱-质谱联用法 | |
| | | 64 | 国家标准 | GB 23200.114—2018 | 食品安全国家标准 植物源性食品中灭蝇胺残留量的测定 液相色谱-质谱联用法 | |
| | | 65 | 国家标准 | GB 23200.115—2018 | 食品安全国家标准 鸡蛋中氟虫腈及其代谢物残留量的测定 液相色谱-质谱联用法 | |
| | | 66 | 国家标准 | GB 23200.116—2019 | 食品安全国家标准 植物源性食品中90种有机磷类农药及其代谢物残留量的测定 气相色谱法 | |
| 10.产品质量与检验 | 10.3 抽样检验 | 67 | 国家标准 | GB 23200.117—2019 | 食品安全国家标准 植物源性食品中喹啉铜残留量的测定 高效液相色谱法 | |
| | | 68 | 国家标准 | GB 23200.118—2021 | 食品安全国家标准 植物源性食品中单氰胺残留量的测定 液相色谱-质谱联用法 | |
| | | 69 | 国家标准 | GB 23200.119—2021 | 食品安全国家标准 植物源性食品中沙蚕毒素类农药残留量的测定 气相色谱法 | |
| | | 70 | 国家标准 | GB 23200.120—2021 | 食品安全国家标准 植物源性食品中甜菜安残留量的测定 液相色谱-质谱联用法 | |

（续）

| 对应标准体系 | 序号 | 标准类别 | 标准号 | 标准名称 | 备注 |
|---|---|---|---|---|---|
| | 71 | 国家标准 | GB 23200.121—2021 | 食品安全国家标准 植物源性食品中331种农药及其代谢物残留量的测定 液相色谱-质谱联用法 | |
| | 72 | 国家标准 | GB/T 23379—2009 | 水果、蔬菜及茶叶中呋虫胺残留的测定 高效液相色谱法 | |
| | 73 | 国家标准 | GB/T 23584—2009 | 水果、蔬菜中啶虫脒残留量的测定 液相色谱-串联质谱法 | |
| | 74 | 国家标准 | GB 38400—2019 | 肥料中有毒有害物质的限量要求 | |
| | 75 | 国家标准 | GB/T 38358—2019 | 电子商务产品质量监测抽样方法 | |
| | 76 | 行业标准 | SN/T 0134—2010 | 进出口食品中杀线威等12种氨基甲酸酯类农药残留量的检测方法 液相色谱-质谱/质谱法 | |
| | 77 | 行业标准 | SN 0157—1992 | 出口水果中二硫代氨基甲酸酯残留量检验方法 | |
| 10.产品质量与检验　10.3 抽样检验 | 78 | 行业标准 | SN/T 0217—2014 | 出口植物源性食品中多种拟除虫菊酯残留量的检测方法 气相色谱-质谱法 | |
| | 79 | 行业标准 | SN/T 1976—2007 | 进出口水果和蔬菜中嘧菌酯残留量检测方法 气相色谱法 | |
| | 80 | 行业标准 | SN/T 1982—2007 | 进出口食品中氟虫腈残留量检测方法 气相色谱-质谱法 | |
| | 81 | 行业标准 | SN/T 2158—2008 | 进出口食品中毒死蜱残留量检测方法 气相色谱-质谱法 | |
| | 82 | 行业标准 | SN/T 2320—2009 | 进出口食品中百菌清、苯氟磺胺、甲抑菌灵、克菌丹、灭菌丹、敌菌丹和四溴菊酯残留量检测方法 气相色谱质谱法 | |
| | 83 | 行业标准 | SN/T 2324—2009 | 进出口食品中抑草磷、毒死蜱、甲基毒死蜱、甲基苯噻安、醚磺隆等33种有机磷农药的残留量检测方法 | |
| | 84 | 行业标准 | SN/T 2325—2009 | 进出口食品中四唑嘧磺隆、甲嘧磺隆、醚磺隆等45种农药残留量的检测方法 高效液相色谱-质谱/质谱法 | |
| | 85 | 行业标准 | SN/T 2915—2011 | 出口食品中甲草胺、乙草胺、甲基吡恶磷等160种农药残留量的检测方法 气相色谱-质谱法 | |

（续）

| 对应标准体系 | 序号 | 标准类别 | 标准号 | 标准名称 | 备注 |
|---|---|---|---|---|---|
| | 86 | 行业标准 | SN/T 4066—2014 | 出口食品中灭螨醌和羟基灭螨醌残留量的测定　液相色谱－质谱/质谱法 | |
| | 87 | 行业标准 | SN/T 4138—2015 | 出口水果和蔬菜中敌敌畏、四氯硝基苯、丙线磷等88种农药残留量的筛选检测 QuEChERS 气相色谱－负化学源质谱法 | |
| | 88 | 行业标准 | SN/T 4591—2016 | 出口水果蔬菜中脱落酸等60种农药残留量的测定　液相色谱－质谱/质谱法 | |
| | 89 | 行业标准 | NY/T 761—2008 | 蔬菜和水果中有机磷、有机氯、拟除虫菊酯和氨基甲酸酯类农药多残留的测定 | |
| | 90 | 行业标准 | NY/T 762—2004 | 蔬菜农药残留检测抽样规范 | |
| | 91 | 行业标准 | NY/T 789—2004 | 农药残留分析样本的采样方法 | |
| 10.产品质量与检验 | 92 | 行业标准 | NY/T 896—2015 | 绿色食品　产品抽样准则 | |
| 10.3抽样检验 | 93 | 行业标准 | NY/T 1055—2015 | 绿色食品　产品检验规则 | |
| | 94 | 行业标准 | NY/T 1379—2007 | 蔬菜中334种农药多残留的测定　气相色谱质谱法和液相色谱质谱法 | |
| | 95 | 行业标准 | NY/T 1453—2007 | 蔬菜及水果中多菌灵等16种农药残留测定　液相色谱质谱质谱联用法 | |
| | 96 | 行业标准 | NY/T 1455—2007 | 水果中萘菌唑残留量的测定　气相色谱法 | |
| | 97 | 行业标准 | NY/T 1680—2009 | 蔬菜水果中多菌灵等4种苯并咪唑类农药残留量的测定　高效液相色谱法 | |
| | 98 | 行业标准 | NY/T 1725—2009 | 蔬菜中灭蝇胺残留量的测定　高效液相色谱法 | |
| | 99 | 行业标准 | NY/T 2103—2011 | 蔬菜抽样技术规范 | |
| | 100 | 行业标准 | JJF 1070—2005 | 定量包装商品净含量计量检验规则 | |

（续）

| 对应标准体系 | | 序号 | 标准类别 | 标准号 | 标准名称 | 备注 |
|---|---|---|---|---|---|---|
| | | 1 | 国家标准 | GB/T 191—2008 | 包装储运图示标志 | |
| | | 2 | 国家标准 | GB 4806.7—2016 | 食品安全国家标准 食品接触用塑料材料及制品 | |
| | | 3 | 国家标准 | GB 4806.8—2016 | 食品安全国家标准 食品接触用纸和纸板材料及制品 | |
| | | 4 | 国家标准 | GB/T 4768—2008 | 防霉包装 | |
| | | 5 | 国家标准 | GB/T 5048—2017 | 防潮包装 | |
| | | 6 | 国家标准 | GB/T 6388—1986 | 运输包装收发货标志 | |
| | | 7 | 国家标准 | GB/T 7350—1999 | 防水包装 | |
| | | 8 | 国家标准 | GB 7718—2011 | 食品安全国家标准 预包装食品标签通则 | |
| | | 9 | 国家标准 | GB 9683—1988 | 复合食品包装袋卫生标准 | |
| 11. 流通管理 | 11.1 包装标识 | 10 | 国家标准 | GB/T 16716.1—2018 | 包装与环境 第 1 部分：通则 | |
| | | 11 | 国家标准 | GB/T 16716.3—2018 | 包装与环境 第 3 部分：重复使用 | |
| | | 12 | 国家标准 | GB/T 16716.4—2018 | 包装与环境 第 4 部分：材料循环再生 | |
| | | 13 | 国家标准 | GB/T 16716.6—2012 | 包装与包装废弃物 第 6 部分：能量回收利用 | |
| | | 14 | 国家标准 | GB/T 16716.7—2012 | 包装与包装废弃物 第 7 部分：生物降解和堆肥 | |
| | | 15 | 国家标准 | GB/T 16830—2008 | 商品条码 储运包装商品编码与条码表示 | |
| | | 16 | 国家标准 | GB/T 17448—1998 | 集装袋运输包装尺寸系列 | |
| | | 17 | 国家标准 | GB/T 18127—2009 | 商品条码 物流单元编码与条码表示 | |
| | | 18 | 国家标准 | GB/T 18455—2022 | 包装回收标志 | |
| | | 19 | 国家标准 | GB 23350—2009 | 限制商品过度包装要求 食品和化妆品 | |
| | | 20 | 国家标准 | GB/T 23509—2009 | 食品包装容器及材料 分类 | |

36

（续）

| 对应标准体系 | | 序号 | 标准类别 | 标准号 | 标准名称 | 备注 |
|---|---|---|---|---|---|---|
| 11. 流通管理 | 11.1 包装标识 | 21 | 国家标准 | GB 28050—2011 | 食品安全国家标准 预包装食品营养标签通则 | |
| | | 22 | 国家标准 | GB/T 28060—2011 | 进出境货物木质包装材料检疫管理准则 | |
| | | 23 | 国家标准 | GB 29753—2013 | 道路运输 食品与生物制品冷藏车 安全要求及试验方法 | |
| | | 24 | 国家标准 | GB/T 30643—2014 | 食品接触材料及制品标签通则 | |
| | | 25 | 国家标准 | GB/T 31268—2014 | 限制商品过度包装 通则 | |
| | | 26 | 国家标准 | GB/T 31550—2015 | 冷链运输用低温瓦楞纸箱 | |
| | | 27 | 国家标准 | GB/T 32950—2016 | 鲜活农产品标签标识 | |
| | | 28 | 国家标准 | GB/T 34344—2017 | 农产品物流包装材料通用技术要求 | |
| | | 29 | 国家标准 | GB/T 36911—2018 | 运输包装指南 | |
| | | 30 | 国家标准 | GB/T 41242—2022 | 电子商务物流可循环包装管理规范 | |
| | | 31 | 行业标准 | NY/T 658—2015 | 绿色食品 包装通用准则 | |
| | | 32 | 行业标准 | SB/T 10158—2012 | 新鲜蔬菜包装与标识 | |
| | 11.2 贮藏运输 | 1 | 国家标准 | GB/T 26432—2010 | 新鲜蔬菜贮藏与运输准则 | |
| | | 2 | 行业标准 | NY/T 1056—2021 | 绿色食品 储藏运输准则 | |
| | | 3 | 行业标准 | NY/T 1202—2020 | 豆类蔬菜贮藏保鲜技术规程 | |
| | | 4 | 行业标准 | NY/T 2320—2013 | 干制蔬菜贮藏导则 | |
| | 11.3 商品流通 | 1 | 国家标准 | GB/T 23346—2009 | 食品良好流通规范 | |
| | | 2 | 国家标准 | GB/T 37060—2018 | 农产品流通信息管理技术通则 | |
| | | 3 | 国家标准 | GB/T 33992—2017 | 电子商务产品质量信息规范 | |
| | | 4 | 国家标准 | GB/T 36310—2018 | 电子商务模式规范 | |

（续）

| 对应标准体系 | | 序号 | 标准类别 | 标准号 | 标准名称 | 备注 |
|---|---|---|---|---|---|---|
| | | 5 | 国家标准 | GB/T 36311—2018 | 电子商务管理体系 要求 | |
| | | 6 | 国家标准 | GB/T 36314—2018 | 电子商务企业信用档案信息规范 | |
| | | 7 | 国家标准 | GB/T 36315—2018 | 电子商务供应商评价准则 在线销售商 | |
| | | 8 | 国家标准 | GB/T 37538—2019 | 电子商务交易产品质量网上监测规范 | |
| | | 9 | 国家标准 | GB/T 38354—2019 | 农村电子商务服务站（点） 服务与管理规范 | |
| | | 10 | 国家标准 | GB/T 39058—2020 | 农产品电子商务供应链质量管理规范 | |
| | | 11 | 国家标准 | GB/T 39570—2020 | 电子商务交易产品图像展示要求 | |
| | | 12 | 国家标准 | GB/T 39664—2020 | 电子商务冷链物流配送服务规范 | |
| | | 13 | 国家标准 | GB/T 40037—2021 | 电子商务产品信息描述 大宗商品 | |
| 11. 流通管理 | 11. 3 商品流通 | 14 | 国家标准 | GB/T 40043—2021 | 快递服务与电子商务信息交换规范 | |
| | | 15 | 国家标准 | GB/T 40094. 1—2021 | 电子商务数据交易 第 1 部分：准则 | |
| | | 16 | 国家标准 | GB/T 40094. 2—2021 | 电子商务数据交易 第 2 部分：数据描述规范 | |
| | | 17 | 国家标准 | GB/T 40105—2021 | 跨境电子商务交易要求 | |
| | | 18 | 国家标准 | GB/T 40202—2021 | 跨境电子商务物流信息交换要求 | |
| | | 19 | 国家标准 | GB/T 40290—2021 | 跨境电子商务 进口商品信息发布规范 | |
| | | 20 | 国家标准 | GB/T 40292—2021 | 跨境电子商务 电子运单规范 | |
| | | 21 | 国家标准 | GB/T 41126—2021 | 跨境电子商务 出口经营主体信息描述规范 | |
| | | 22 | 国家标准 | GB/T 41127—2021 | 跨境电子商务 在线争议解决单规范 | |
| | | 23 | 国家标准 | GB/T 41128—2021 | 跨境电子商务 出口商品信息描述规范 | |
| | | 24 | 行业标准 | GH/T 1301—2020 | 电子商务果品验收操作规范 | |

（续）

| 对应标准体系 | | 序号 | 标准类别 | 标准号 | 标准名称 | 备注 |
|---|---|---|---|---|---|---|
| 11. 流通管理 | 11.3 商品流通 | 25 | 行业标准 | GH/T 1323—2021 | 电子商务农产品验收规范 | |
| | | 26 | 行业标准 | QC/T 449—2010 | 保温车、冷藏车技术条件及试验方法 | |
| | | 27 | 行业标准 | SB/T 10575—2010 | 豇豆流通规范 | |
| | | 28 | 行业标准 | SB/T 11197—2017 | 电子商务商品验收规范 | |
| | | 29 | 行业标准 | SB/T 11232—2022 | 企业对消费者（B2C）电子商务平台交易规则制定指南 | |
| | 11.4 产品追溯 | 1 | 国家标准 | GB/T 29373—2012 | 农产品追溯要求　果蔬 | |
| | | 2 | 国家标准 | GB/T 34062—2017 | 防伪溯源编码技术条件 | |
| | | 3 | 国家标准 | GB/T 38158—2019 | 重要产品追溯　追溯体系通用要求 | |
| | | 4 | 国家标准 | GB/T 38155—2019 | 重要产品追溯　追溯管理平台建设规范 | |
| | | 5 | 国家标准 | GB/T 38157—2019 | 重要产品追溯　产品追溯系统基本要求 | |
| | | 6 | 国家标准 | GB/T 39062—2020 | 跨境电子商务　产品溯源信息管理规范 | |
| | | 7 | 国家标准 | GB/T 40843—2021 | 跨境电子商务　产品溯源信息共享指南 | |
| | | 8 | 国家标准 | GB/T 36061—2018 | 电子商务交易产品可追溯性通用规范 | |
| | | 9 | 行业标准 | NY/T 1431—2007 | 农产品追溯编码导则 | |
| | | 10 | 行业标准 | NY/T 1761—2009 | 农产品质量安全追溯操作规程　通则 | |
| | | 11 | 行业标准 | NY/T 1993—2011 | 农产品质量安全追溯操作规程　蔬菜 | |
| | | 12 | 行业标准 | RB/T 011—2019 | 食品生产企业可追溯体系建立和实施技术规范 | |
| | | 13 | 行业标准 | RB/T 148—2018 | 有机产品全程追溯数据规范及符合性评价要求 | |

（续）

| 对应标准体系 | | 序号 | 标准类别 | 标准号 | 标准名称 | 备注 |
|---|---|---|---|---|---|---|
| 11. 流通管理 | 11.5 品牌管理 | 1 | 国家标准 | GB/T 29186.1—2021 | 品牌价值要素评价 第 1 部分：通则 | |
| | | 2 | 国家标准 | GB/T 29186.2—2021 | 品牌价值要素评价 第 2 部分：有形要素 | |
| | | 3 | 国家标准 | GB/T 29186.3—2021 | 品牌价值要素评价 第 3 部分：质量要素 | |
| | | 4 | 国家标准 | GB/T 29186.4—2021 | 品牌价值要素评价 第 4 部分：创新要素 | |
| | | 5 | 国家标准 | GB/T 29186.5—2021 | 品牌价值要素评价 第 5 部分：服务要素 | |
| | | 6 | 国家标准 | GB/T 29186.6—2021 | 品牌价值要素评价 第 6 部分：无形要素 | |
| | | 7 | 国家标准 | GB/T 29187—2012 | 品牌评价 品牌价值评价要求 | |
| | | 8 | 国家标准 | GB/T 31045—2014 | 品牌价值评价 农产品 | |
| | | 9 | 国家标准 | GB/T 31047—2014 | 品牌价值评价 食品加工、制造业 | |
| | | 10 | 国家标准 | GB/T 31282—2014 | 品牌价值评价 互联网及相关服务 | |
| | | 11 | 国家标准 | GB/T 36678—2018 | 区域品牌价值评价 地理标志产品 | |
| | | 12 | 国家标准 | GB/T 36680—2018 | 品牌 分类 | |
| | | 13 | 国家标准 | GB/T 38372—2020 | 企业品牌培育指南 | |
| | | 14 | 国家标准 | GB/T 39064—2020 | 品牌培育指南 产业集群 | |
| | | 15 | 国家标准 | GB/T 39071—2020 | 品牌评价 消费者感知测量指南 | |
| | | 16 | 国家标准 | GB/T 39654—2020 | 品牌评价 原则与基础 | |
| | | 17 | 国家标准 | GB/T 39904—2021 | 区域品牌培育与建设指南 | |
| | | 18 | 国家标准 | GB/T 39905—2021 | 区域品牌价值评价 产业集聚区 | |
| | | 19 | 国家标准 | GB/T 39906—2021 | 品牌管理要求 | |
| | | 20 | 行业标准 | SB/T 10761—2012 | 品牌管理专业人员技术条件 | |

（续）

| 对应标准体系 | | 序号 | 标准类别 | 标准号 | 标准名称 | 备注 |
|---|---|---|---|---|---|---|
| 11. 流通管理 | 11.5 品牌管理 | 21 | 行业标准 | RB/T 158—2017 | 有机产业成熟度评价　技术规范 | |
| | | 22 | 行业标准 | RB/T 159—2017 | 有机产业区域化管理体系　要求 | |
| | | 23 | 行业标准 | RB/T 164—2018 | 有机产品认证目录评估准则 | |
| | | 24 | 行业标准 | NY/T 4169—2022 | 农产品区域公用品牌建设指南 | |
| 12. 社会化服务 | | 1 | 国家标准 | GB/T 32980—2016 | 农业社会化服务　农作物病虫害防治服务质量要求 | |
| | | 2 | 国家标准 | GB/T 33311—2016 | 农业社会化服务　农作物病虫害防治服务质量评价 | |
| | | 3 | 国家标准 | GB/T 33407—2016 | 农业社会化服务　农业技术推广服务组织建设指南 | |
| | | 4 | 国家标准 | GB/T 33408—2016 | 农业社会化服务　农业技术推广服务组织质量要求 | |
| | | 5 | 国家标准 | GB/T 33747—2017 | 农业社会化服务　农业科技信息服务质量要求 | |
| | | 6 | 国家标准 | GB/T 33748—2017 | 农业社会化服务　农业科技信息服务供给规范 | |
| | | 7 | 国家标准 | GB/T 34802—2017 | 农业社会化服务　土地托管服务规范 | |
| | | 8 | 国家标准 | GB/T 34803—2017 | 农业社会化服务　分类 | |
| | | 9 | 国家标准 | GB/T 34804—2017 | 农业社会化服务　农业信息服务组织（站点）基本要求 | |
| | | 10 | 国家标准 | GB/T 37690—2019 | 农业社会化服务　农业信息服务导则 | |
| | | 11 | 国家标准 | GB/T 38303—2019 | 农业社会化服务　农民技能培训规范 | |
| | | 12 | 国家标准 | GB/T 38307—2019 | 农业社会化服务　农业良种推广服务通则 | |
| | | 13 | 国家标准 | GB/T 38370—2019 | 农业技术推广社会化服务农机维修养护服务规范 | |
| | | 14 | 国家标准 | GB/Z 41226—2022 | 农业技术推广社会化服务通用要求 | |
| | | 15 | 国家标准 | GB/Z 41370—2022 | 农业社会化服务效果评价方法 | |
| | | 16 | 行业标准 | GH/T 1350—2021 | 农资农技社会化服务主体服务能力评价指南 | |

（续）

| 对应标准体系 | 序号 | 标准类别 | 标准号 | 标准名称 | 备注 |
|---|---|---|---|---|---|
| 13. 农业机械化 | 1 | 国家标准 | GB/T 10395.3—2019 | 农业机械 安全 第3部分: 固体肥料撒施机 | |
| | 2 | 国家标准 | GB/T 10395.5—2021 | 农业机械 安全 第5部分: 驱动式耕作机械 | |
| | 3 | 国家标准 | GB/T 41125—2021 | 农业机械 播种机 减少气力系统风机排气对环境的影响 | |
| | 4 | 国家标准 | GB/T 41678.1—2022 | 农业机械和拖拉机 高压电气电子元件和系统的安全性 第1部分: 通用要求 | |
| | 5 | 行业标准 | CCGF 503.1—2015 | 植物保护机械 | |
| | 6 | 行业标准 | NY 1232—2006 | 植保机械运行安全技术条件 | |
| | 7 | 行业标准 | NY/T 1408.4—2018 | 农业机械化水平评价 第4部分: 农产品初加工 | |
| | 8 | 行业标准 | NY/T 1640—2021 | 农业机械分类 | |
| | 9 | 行业标准 | NY/T 1775—2009 | 植保机械操作工 | |
| | 10 | 行业标准 | NY/T 2454—2019 | 机动植保机械报废技术条件 | |
| | 11 | 行业标准 | NY/T 2900—2016 | 报废农业机械回收拆解技术规范 | |
| | 12 | 行业标准 | NY/T 3015—2016 | 机动植保机械 安全操作规程 | |
| | 13 | 行业标准 | NY/T 3118—2017 | 农业机械出厂合格证 拖拉机和联合收割（获）机 | |
| | 14 | 行业标准 | NY/T 3488—2019 | 农业机械重点检查技术规范 | |
| 14. 智慧农业 | 1 | 国家标准 | GB/T 41300—2022 | 民用无人机 产品识别码 | |
| | 2 | 行业标准 | HB 8580—2020 | 民用无人机系统产品结构编码 | |
| | 3 | 行业标准 | CH/T 1054—2022 | 无人机航空摄影成果质量检查与验收 | |
| | 4 | 行业标准 | CH/Z 3001—2010 | 无人机航摄安全作业基本要求 | |
| | 5 | 行业标准 | MH/T 1008.1—2021 | 飞机喷施设备性能技术指标 第1部分 喷雾设备 | |

（续）

| 对应标准体系 | 序号 | 标准类别 | 标准号 | 标准名称 | 备注 |
|---|---|---|---|---|---|
| 14. 智慧农业 | 6 | 行业标准 | MH/T 1008.2—2021 | 飞机喷施设备性能技术指标　第2部分　播种设备 | |
| | 7 | 行业标准 | MH/T 1040—2011 | 航空喷施设备的喷施率和分布模式测定 | |
| | 8 | 行业标准 | MH/T 1056—2013 | 航空喷施作业安全评价 | |
| | 9 | 行业标准 | MH/T 1069—2018 | 无人驾驶航空器系统作业飞行技术规范 | |
| | 10 | 行业标准 | NY/T 1533—2007 | 农用航空器喷施作业作业规程 | |
| | 11 | 行业标准 | NY/T 4151—2022 | 农业遥感监测无人机影像预处理技术规范 | |

# 第三章 部分豇豆优良品种

## 35. 豇豆有哪些耐热型品种？

### (1) 赣蝶5号

中早熟、耐热，抗高温高湿。植株蔓生，叶片中等，生长势强、分枝力中等，主蔓结荚为主，叶片中等，始花节位3节。条荚军绿色，荚长70~80 cm，荚面光滑顺直，上下粗细均匀，中上层结荚多，采收期长，持续翻花能力强。不露籽，无鼠尾，肉质厚，品质好，耐老化，耐贮运，商品性好，抗枯萎病和疫病，适应强，耐早衰。每667m² 产3 500 kg左右，适宜露地立架栽培，适合南菜北运的好品种。

适时播种：江西、湖南、湖北、浙江、福建、广西3月上旬至8月上旬播种；云南、贵州、四川等地4月上旬至7月上旬播种；河南、河北、山东、东北、新疆等地5月上旬至6月下旬；海南、广东等南部地区8月至翌年3月下旬播种。

### (2) 普拉多

早熟，耐热，抗高温高湿。植株蔓生，叶中等，生长势强，分枝力中等，主蔓结荚为主，叶片中等，始花节位3节。条荚嫩绿色，荚长80 cm左右，荚面光滑顺直，上下粗细均匀，中上层结荚多。采收期长，持续翻花能力强，不露籽，无鼠尾、肉质厚，品质好，耐老化，商品性好，抗枯萎病和疫病，适应性广，不早衰，每667m² 产3 500 kg左右，适应露地立架栽培，适合南菜北运。

适时播种：江西、湖南、湖北、浙江、福建、广西3月上旬至8月上旬播种；云南、贵州、四川等地4月上旬至7月上旬播种；河南、河北、山东、东北、新疆等地5月上旬至6月下旬；海南、广东等南部地区8月至翌年3月下旬播种。

### (3) 翠绿宝石

肉厚加长型豆角，长势强，分枝力中等，主蔓结荚为主，叶片中等，始花节位 4～5 节，条荚军绿色，荚长 80～90 cm。耐高温高湿，中早熟品种。植株蔓生，叶片中等，荚面光滑顺直，上下粗细均匀，结荚多。采收期长，持续翻花能力强，不露籽，无鼠尾、圆头圆尾，肉质厚。耐老化，耐贮运，商品性好。抗枯萎病疫病，适应性广，不早衰，产量高，适应春夏露地立架栽培。在广东、广西、海南、福建、湖南、江西、湖北、河南开封、江苏南京、安徽萧县等地区表现尤为突出，是南菜北调耐运输的品种。

长江流域春季 4—6 月均可播种，北方地区 4—6 月均可播种；秋季 7 月中下旬至 8 月中旬均可播种，北方地区 7 月中上旬至 8 月上旬，一般直播为主。最佳适播气温在 18～33℃，基温适应在 15℃以上可以播种，正常生长温度 22～33℃，最佳开花结荚期适宜温度 26～33℃。

**（4）传奇 985**

早中熟品种，植株生长强壮，主蔓 3～4 节着生第一花序，叶绿色，叶片中等，叶呈三角形，条荚顺直，肉质厚，商品荚翠绿、油亮、长 85 cm 左右，条荚略粗。耐老化，耐贮运，条荚上下粗细均匀，采收期长，商品性好，抗病性强，适合专业户种植。

一般采用直播为主。地温保持 15℃以上时即可适时播种、豇豆适宜结荚温度 22～35℃。江西、湖南、湖北、江苏、浙江、上海、四川、贵州、重庆、河南、河北、山东、陕西、山西播种时间为 4 月下旬至 7 月中下旬。云南、广西、广东、福建、海南播种时间为 4 月下旬至 7 月下旬。其他各地请参考当地的气候条件以及该品种的适宜生长结荚温度适时安排播种时间。

**（5）银豇 1 号**

该品种条荚银白色、光亮、具有纤维少，条粗长、肉质厚、品质好、好吃等优点，是目前的特色品种之一。该品种植株蔓生，株高 2.5～3.0m，生长势强，叶深绿色，叶片小，主蔓第三四节开始结荚，荚长 70～80 cm，横径 0.7～0.9 cm，圆形，不易老化，品质佳，中熟生育期 55～70 d。

该品种长势旺、分枝强，宜适当稀植，穴距 30 cm，行距 90 cm 为宜，一般留双株。适应春秋栽培，春播 3 月中下旬至 6 月中下旬，秋播 7 月中下旬至 8 月中下旬，基温在 15℃以上可以播种，正常生长温度在 22～33℃，最佳开花结荚期适宜温度 26～33℃。

**（6）银冠白龙**

该品种中早熟，春秋均可播种，植株蔓生，株高 2.2～2.4 cm，生长势旺，茎蔓粗，分枝较多，叶片较小，主蔓 2～3 节始生花序，荚长 80 cm，荚条粗壮，嫩荚纯白色，纤维少，不易老化，商品性佳。适宜全国各地种植。

地温保持在 15℃以上时即可适时播种、豇豆适宜结荚温度为 22～32℃。

适宜区域和种植季节：江西、湖南、湖北、江苏、浙江、上海、四川、贵州、重庆各地春播为 3 月下旬至 4 月下旬，秋播 7 月中下旬至 8 月上旬。河南、河北、山东、陕西、山西春播为 4 月中旬至 5 月中旬，秋播 7 月上中旬至 7 月下旬。云南、广西、广东、福建春播为 3 月上旬至 4 月下旬，秋播 7 月下旬至 8 月下旬。海南播种时间为 8 月中旬至 11 月下旬。其他地区请参考当地的气候条件以及该品种适宜生长结荚温度，适时安排播种时间。

**(7) 热豇 1 号**（彩图 4）

该品种中早熟，生长势强，主蔓 3～4 节着生第一花序，叶片中等，中下层开花结荚集中，持续翻花能力强，条荚绿色，顺直无鼠尾，荚长 70 cm 以上，条荚略粗，双荚率高，纤维少，耐热性好。适宜海南、广东、广西、四川、云南等区域，在海南全年皆可种植。

**(8) 海豇 4 号**（彩图 5）

早熟品种，小叶，植株生长势强。主要始花节位 3～4 节，主侧蔓同时结荚，中层结荚集中，持续结荚能力强。丰产性好，抗病性强，耐高温，抗性好，不易早衰。商品荚色嫩绿色，荚长 65～80 cm，荚粗 0.70～0.80 cm，单荚约重 30 g，条荚上下粗细均匀顺直，荚面光滑肉质厚，纤维少，耐老化，不散粒，鼠尾少、耐储运、商品性好。

**(9) 黑眉高产王**

早熟品种，植株蔓生。第二节位结荚，主侧蔓同时结荚，条荚嫩绿色，荚数多且整齐，荚面平整，荚长 80～100 cm，单荚重 40 g 左右。耐热、较耐贮运、高产、稳产、种子黑色，抗病性强。适于全国各地种植，可作春、夏两季栽培。

## 36. 豇豆有哪些耐低温型品种？

**(1) 特级 901 青皮豇豆王**

该品种经过多年研制的一个优良品种，并有早熟、高产、稳产、抗病，春秋均可播种等特点，植株蔓生，株高 2～2.3m，生长势强，叶深绿色，叶片小，主蔓第二节开始结荚，长 70～80 cm，双荚多，横径 0.8～0.9 cm，籽少肉厚，荚为青绿色，无鼠尾，圆形不易老化，品质佳，是目前各地及东南亚地区作春秋两季栽培的主栽品种之一。

适宜春秋季栽培，3 月上旬至 7 月中旬均可种植，行距 66 cm，穴距 20～25 cm，每穴 3～4 粒，每 667m² 4 000～5 000 株，每 667m² 用种量 2 kg，加强肥水管理，春播最好小苗移栽，肥水过旺如有侧枝请打掉。一般结荚期温度 20℃以上。

**（2）紫秋豇 6 号**

生长势中等偏强，主侧蔓均可结荚，生育期 70～90 d。叶片窄小，叶色略深，光照反应敏感，初荚部位低，平均 2～3 节，中早熟，结荚性好，丰产，荚长 30～40 cm，荚色玫瑰红，爆炒后荚色变绿，俗称"锅里变"。品质优，不易老化，商品性好，籽粒为红白花籽。较抗病毒病与霜霉病，适应全国各地种植。该品种适宜开花结荚温度为 22～27℃。

春播 4 月中旬至 5 月下旬，秋播 7 月上旬至 8 月下旬，晚春、秋延后栽培均可，适当稀植，穴距 30 cm，行距 90 cm，实际种植时间请参照当地气候条件选择最佳播期。适宜在浙江、江西、江苏、湖南、湖北、安徽等地区种植，其他气候，生态条件相似的区域请先引种试种后方可大面积种植。

**（3）三尺红**

植株蔓生，蔓长 3m 左右，叶色深绿，生长势强，主蔓第 3～4 节着生第一花序，花淡蓝紫色，花序结荚 2～3 条，商品荚暗红色，嫩荚长 70～80 cm，肉厚 0.8～0.85 cm，单荚重 20～25 g。早熟、耐寒，豆荚含粗纤维少，肉厚，商品性好，适宜春秋两季栽培。

春播 3 月中旬至 6 月中旬，秋播 7 月中旬至 8 月中旬。行距 66 cm，穴距 20～25 cm，每穴 3～4 粒，每 667m² 4 000～5 000 株，每 667m² 用种量 2 kg，加强肥力管理，开花之前控制水以防徒长。基温适宜在 15℃ 以上可以播种，正常生长温度 22～33℃，最佳开花结荚期适宜温度 26～33℃。

**（4）春秋红皮豆**

植株蔓生，蔓长 3m 左右，叶深绿色，生长势强，主蔓第 3～4 节着生第一花序，花淡蓝紫色，花序结荚 2～3 条，商品荚紫红色。嫩荚长 70～80 cm，肉厚 0.8～0.85 cm，单荚重 20～25 g。豆荚含粗纤维少，肉厚，商品性好，适宜春秋两季栽培。春播 3 月中旬至 6 月中旬，秋播 7 月中旬至 8 月中旬。基温适宜在 15℃ 以上可以播种，正常生长温度 22～33℃，最佳开花结荚期适宜温度 26～33℃。

**（5）抗病王中王**

大棚露地早熟栽培品种。本品种经过多年选育而成的一个优良品种，特别耐低温，稳产抗病、耐旱，结荚多，肉厚，商品性，可春秋两季栽培。植株蔓生，株高 2～2.3m，生长适中，叶片小，开白花，主蔓第二节开始结荚，荚长 80～90 cm，双荚多，横径 0.8～0.9 cm，籽少肉厚，商品荚淡绿白色，无鼠尾，圆形不易老化，品质佳，是目前全国各地及东南亚地区春秋两季栽培的理想品种之一。

适应春秋季栽培，3 月上旬至 7 月中旬均可种植，行距 66 cm，穴距 20～25 cm，每穴 3～4 粒，每 667m² 4 000～5 000 株，每 667m² 用种量 2 kg，加强肥水管理，春播最好小苗移栽，每667m² 产达 3 500～4 000 kg。

### (6) 天天采

本品种是中早熟品种。植株蔓生，叶片中等，生长势强，分枝力中等，主蔓结荚为主，叶片中等，始花节位 3 节。条荚翠绿色，荚长 80～90 cm，荚面光滑顺直，上下粗细均匀，结荚多，采收期长，持续翻花能力强，肉质厚，品质好，耐老化，耐贮运。

一般直播为主。最佳适播气温在 18～33℃，最佳开花结荚期适宜温度 26～33℃。该品种在长江流域春季 4 月上旬至 6 月中旬均可播种，秋季播种 7 月中旬至 8 月中旬均可播种；北方地区春季 4 月下旬至 6 月下旬均可播种，秋季 7 月上旬至 8 月上旬均可播种。适宜种植区域为江西、安徽、河南、湖北、湖南、浙江、福建、江苏、广西、广东、海南、云南、四川、贵州、甘肃、新疆等。

### (7) 一路发

本品种早熟。植株蔓生，叶片中等，生长势强，分枝力中等，主蔓结荚为主，始花节位 3 节。荚条嫩绿色，荚长 80～90 cm，荚面光滑顺直，上下粗细均匀，中上层结荚多，采收期长，持续翻花能力强。耐老化，耐贮运，商品性好。抗枯萎病疫病，适应性广。每667m² 产 3 500 kg 左右，适宜露地立架栽培，适合南菜北运的豇豆品种。

适时播种：江西、湖南、湖北、浙江、福建、广西 3 月上旬至 8 月上旬播种；云南、贵州、四川等地 4 月上旬至 7 月上旬播种；河南、河北、山东、东北、新疆等地 5 月上旬至 6 月下旬；海南、广东等南部地区 8 月至翌年 3 月下旬播种。

### (8) 超越 708

本品种中早熟，耐寒。植株蔓生，叶片中等，生长势强，分枝力中等，主蔓结荚为主，叶片中等，始花节位 3 节。条荚嫩绿色，荚长 80～90 cm，荚面光滑顺直，上下粗细均匀，中上层结荚多，采收期长，持续翻花能力强。抗枯萎病疫病，适应性广，每667m² 产 3 500 kg 左右。耐弱光，适合大棚种植，适宜南菜北运的品种。

适时播种：江西、湖南、湖北、浙江、福建、广西 3 月上旬至 8 月上旬播种；云南、贵州、四川等地 4 月上旬至 7 月上旬播种；河南、河北、山东、东北、新疆等地 5 月上旬至 6 月下旬播种；海南、广东等南部地区 8 月至翌年 3 月下旬播种。

### (9) 赣蝶 6 号

本品种中早熟，耐寒。植株蔓生，叶片中等，生长势强，分枝力中等，主蔓结荚为主，叶片中等，始花节位 3 节。荚条嫩绿色，荚长 80～90 cm，荚面光滑顺直，上下粗细均匀，中上层结荚多，采收期长，持续翻花能力强。抗枯萎病疫病，适应性广，每 667m² 产 3 500 kg 左右。适宜南菜北运的品种。

适时播种：江西、湖南、湖北、浙江、河南 3 月中旬至 8 月上中旬播种；福建、广西 2 月上旬至 8 月下旬播种；云南、贵州、四川等地 3 月下旬至 7 月上旬播种；河南、河北、山东、东北、新疆等地 4 月上旬至 5 月初播种；海南可冬季播种、广东等南部地区 8 月至翌年 3 月下旬播种。

**(10) 绿衣天使**

早熟品种，植株蔓生，第二节位结荚，主侧蔓同时结荚，条荚墨绿色，一个花序结 3～4 荚，平均荚长 80 cm 左右，单荚重 40 g 左右。耐低温，适合早春和秋延大棚种植。较耐贮运，稳产，抗病性强，不容易死苗。

适应春秋季栽培，春播 3 月中旬至 6 月中旬，秋播 7 月中旬至 8 月中旬。温度在 15℃ 以上可以播种，正常生长温度 22～33℃，最佳开花结荚期适宜温度 26～33℃。

**(11) 南豇 1 号**（彩图 6）

植株长势强，植株较矮，分枝少，主蔓第 2～3 节时着生第一对花序，开花后 5～7 d 可采收嫩荚，种子老熟约需 30 d。豆荚圆条形，淡绿色，荚长 70 cm 左右，荚粗 0.78 cm 左右，豆荚顺直、不弯曲、不鼓籽、无鼠尾，荚条粗细均匀。双荚率较高，耐低温阴雨，耐弱光，耐运输。

适宜冬春种植。在海南 11 月上旬种植，播种至初收约 60 d，大棚种植可提早 3 d 上市。

**(12) 海豇 2 号**（彩图 7）

该品种植株蔓生，生长势强，分枝力强，主蔓结荚为主，主蔓始花节位 4～6 节，中层结荚集中，持续结荚能力强，丰产性好，每 667m² 产量约 2 500 kg；耐寒性强，抗锈病，耐白粉病，不易早衰，商品荚色白绿色，荚长 70 cm 左右，荚粗 0.70～0.80 cm，单荚重 21～27 g，条荚上下粗细均匀，美观顺直，不露仁，无鼠尾，耐老化，耐贮运，商品性好。

## 37. 豇豆有哪些既耐热又耐寒的品种？

**(1) 中国红**

本品种是中早熟品种。生长势强，分枝力中等，植株蔓生，主蔓结荚为主，叶片中等，始花节位 3 节。条荚翠绿色，长 80～90 cm，荚面光滑顺直，上下粗细均匀，荚多，采收期长，持续翻花能力强。适应性广，不早衰，耐运输，每 667m² 产 3 000 kg 左右，加强肥水管理可达到 4 000～5 000 kg。

长江流域春季 2 月上旬至 4 月中旬均可播种，北方地区 4 月下旬至 6 月下旬；秋季播种一般在 7 月中旬至 8 月上旬均可播种。主要栽培要点：直播为主，最佳适播气温在 18～33℃，最佳开花结荚期适宜温度 26～33℃。

**（2）黑眉 8 号**

本品种早熟，上市早，结荚多，嫩油绿色。第二节位开始结荚，开白花，播种至初收约 45 d。平均荚长 80 cm 左右，每 667m² 产 3 000 kg 以上。嫩荚生长速度快，比其他豇豆产量高，纤维少，品质佳。

该品种适应性强，春播暑期耐热，秋播后期耐寒。春播一般在 3 月中旬至 5 月中旬，夏播一般在 7 月上旬至 8 月上旬。适应种植区域：江西、安徽、河南、湖北、湖南、浙江、福建、山东、江苏、广西、广东、海南、四川、贵州、新疆等及周边相似生态区。温度在 20～32℃可以播种，最佳开花结荚期适宜温度 26～33℃。

**（3）海豇 1 号**

早熟品种，植株蔓生，生长势强，分枝力中等，主蔓结荚为主，主蔓始花节位 3～4 节，中层结荚集中，持续结荚能力强，丰产性好，每 667m² 产量约 2 500 kg；耐寒耐热性都很强，抗锈病，耐白粉病，不易早衰，商品荚色白绿色，荚长 70 cm 左右，荚粗 0.68～0.75 cm，单荚重 21～25 g，条荚上下粗细均匀，美观顺直，不露仁，无鼠尾，耐老化，耐贮运，商品性好。

## 38. 华赣系列的豇豆品种主要有哪些？

**（1）华赣海亚特**（彩图 8）

早中熟品种，植株蔓生，生长势强，分枝力中等，主蔓结荚为主。始花节位主蔓 3～4 节，叶片中等，叶绿色。商品荚嫩绿色，荚长 70 cm 左右，荚粗 0.91～0.93 cm，单荚重 35 g 左右，荚面粗细均匀，不露仁，无鼠尾，肉质厚，商品外观性好、种皮红褐色、肾形。纤维少，采收期长。该品种适应性广、抗逆性强，在长江流域 3 月下旬至 8 月上旬均可种植，海南省一般在 9 月上旬至 11 月初播种。

**（2）华赣春秀**（彩图 9）

极早熟品种，植株蔓生，生长势一般，主蔓结荚为主。始花节位主蔓 2～3 节，叶片中等偏小，叶色绿色。商品荚绿白色，荚长 60～65 cm，荚粗 0.85 cm 左右，单荚重 32 g 左右，荚面粗细均匀，不露仁，纤维少、商品外形好、种皮红褐色、肾形。该品种前期结荚集中、采收期偏短，适宜长江流域早春及延秋大棚种植的早熟品种。在海南 11 月下旬至 12 月底冬季可播种。

**（3）华赣绿秀**（彩图 10）

早中熟品种，植株蔓生，生长势强，分枝中等，主侧蔓均可结荚。始花节位 3～4 节，叶片中等，叶色绿色，商品荚翠绿色。荚长 65～70 cm，荚粗

0.86 cm 左右，单荚重 36 g 左右，荚面粗细均匀、光滑整齐、不露仁、无鼠尾、耐老化、耐贮运，肉质厚、商品外观好，每荚含种子 16～18 粒，种皮红褐色有斑点、肾形。该品种不耐高温、耐低温性也一般，适合全国各地春季及秋季露地种植。不宜在海南省种植。

**（4）华赣绿翠**（彩图 11）

中熟品种，植株蔓生，生长势强，有分枝，主侧蔓均可结荚。始花节位 5～6 节，叶片中等偏小，叶色深绿色。商品荚油绿色，荚长 75 cm 左右，荚粗 0.83 cm 左右，单荚重 36 g 左右，荚面粗细均匀、荚面微皱、耐贮运，商品外观好，种皮红褐色、肾形。该品种不耐高温、耐低温性好，适合全国各地春季及秋季大棚、露地种植。海南省种植 10—12 月均可种植。

**（5）华赣 688**（彩图 12）

早中熟品种，植株蔓生，生长势强，无分枝，主侧蔓均可结荚。始花节位 4～5 节，叶片中等，叶色绿色。商品荚绿白色，荚长 70～75 cm，荚粗 0.9 cm 左右，单荚重 40 g 左右，荚面粗细均匀、光滑整齐、耐贮运，商品外观好，翻花结荚能力强，种皮白色、肾形。该品种适合全国各地春季及秋季露地种植。海南省 1—2 月或 9—11 月均可种植。

## 39. 庐山系列的豇豆品种主要有哪些？

**（1）庐山云雾**（彩图 13）

早中熟品种，植株蔓生，生长势强，主侧蔓均可结荚，以主蔓结荚为主，分枝力强。叶片偏小、叶色深绿，始花节位约 5 节，中上层结荚集中，翻花结荚能力强。商品荚绿白色，荚面光滑，荚长 70 cm 左右，荚粗 0.83 cm 左右，单荚重 32 g 左右，豆荚顺直，商品性好。种皮红褐色有斑点、肾形。该品种喜温但不耐热，适宜生长结荚温度为 20～32℃，适合全国各地早春及秋季露地种植，海南省 11—12 月均可种植。

**（2）庐山红叶**（彩图 14）

早熟品种，植株蔓生，生长势中等，主侧蔓均可结荚，以主蔓结荚为主。叶片偏小、叶色绿色，始花节位约 3 节，商品荚绿白色，荚面光滑，荚长 70 cm 左右，荚粗 0.83 cm 左右，单荚重 32 g 左右，豆荚顺直，商品性好、结荚性好。种皮红褐色、肾形。该品种喜温但不耐热，适宜生长结荚温度为 20～32℃，适合全国各地早春及秋季露地种植，海南省 11—12 月均可种植。

**（3）庐山美云**（彩图 15）

中熟品种，植株蔓生，生长势强，主侧蔓均可结荚，始花节位 5～6 节，叶片中等偏小，叶色深绿色。商品荚油绿色，荚长 75 cm 左右，荚粗 0.83 cm

左右，单荚重 36 g 左右，中上层结荚集中，翻花结荚能力强，荚面粗细均匀、荚面微皱、耐贮运，商品外观好，种皮红褐色有斑点、肾形。该品种不耐高温、耐低温性好，适合全国各地春季及秋季大棚、露地种植。海南省 10—12 月均可种植。

 **40. 彩蝶系列的豇豆品种主要有哪些？**

**（1）彩蝶 1 号**（彩图 16）

早熟品种，植株蔓生，生长势强，分枝力中等。主蔓 3～4 节开始着生花序，初花量少、中下层开花一般，主蔓叶片中等偏小，叶色绿色，花色浅紫色，花柄特别短。商品荚色绿白色，荚长 65～70 cm，荚粗 0.82 cm，单荚重 38.0 g，种皮红褐色，肾形。最适合腌制酸豆角的品种。该品种不耐高温，在长江流域春季 3 月下旬至 4 月上旬、秋季 7 月下旬至 8 月上旬均可种植，海南省一般在 10—12 月初播种。

**（2）彩蝶 2 号**（彩图 17）

早中熟品种，植株蔓生，生长势强，分枝 2～3 条，主侧蔓均可结荚。始花节位 4～5 节，叶片中等，叶色绿色。商品荚色介于绿白条和青绿条之间为嫩绿色，荚长 60～70 cm，荚粗 0.83 cm 左右，单荚重 32.0 g 左右，荚面粗细均匀、光滑整齐、不露仁、无鼠尾、耐贮运，肉质厚、商品外观好，种皮红褐色、肾形，种子千粒重 130 g 左右。该品种抗性强，低温条件下豆荚顺直不弯曲，适应性广，适合早春露地、夏秋高温栽培及晚秋栽培。春播至采收 54 d，夏秋播 42 d 可采收，色泽好，商品荚市场售价高，在长江流域 3 月下旬至 8 月上旬均可种植，海南省一般在 9 月上旬至 11 月初播种。

**（3）彩蝶美佳**（彩图 18）

早中熟品种，植株蔓生，生长势强，分枝中等，主侧蔓均可结荚。始花节位 3～4 节，叶片中等，叶色绿色，商品荚翠绿色，荚长约 70 cm，荚粗 0.86 cm 左右，单荚重 36 g 左右，荚面粗细均匀、光滑整齐、不露仁、无鼠尾、耐老化、耐贮运，肉质厚、商品外观好，种皮红褐色、肾形。该品种不耐高温、耐低温性也一般，适合全国各地春季及秋季露地种植。不宜在海南省种植。

**（4）彩蝶 A-3**（彩图 19）

该品种早中熟，植株蔓生，生长势强，以主蔓结荚为主，分枝少。叶色深绿，长卵圆形，始花节位约 4 节，中上层结荚集中，连续结荚能力强。商品荚翠绿色，荚面微皱，荚长 75 cm 左右，荚粗 0.9 cm 左右，单荚重约 45 g，豆荚顺直，商品性好。种皮红褐色、肾形。该品种耐热性好，适宜生长结荚温度为 22～35℃，适合全国各地夏季露地种植。

**(5) 彩蝶 A-5**（彩图 20）

该品种是 2019 年育成的耐热性的豇豆品种，该品种早中熟，植株蔓生，生长势强，以主蔓结荚为主，分枝少。叶色深绿，长卵圆形，始花节位约 4 节，中上层结荚集中，连续结荚能力强。商品荚翠绿色，荚面微皱，荚长 75 cm 左右，荚粗 0.9 cm 左右，单荚重约 45 g，豆荚顺直，商品性好。种皮褐色有斑点、肾形。该品种耐热性好，适宜生长结荚温度为 22～35℃，适合全国各地夏季露地种植。

## 41 泰利系列的豇豆品种主要有哪些？

**(1) 泰利 8 号**（彩图 21）

早中熟品种，植株蔓生，生长势强，以主蔓结荚为主，分枝少。叶色深绿，始花节位 4～5 节，中上层结荚集中，连续结荚能力强。商品荚色介于绿白条和青绿条之间为嫩绿色，荚长 75 cm 左右，荚粗 0.9 cm 左右，单荚重约 45 g，荚面上下粗细均匀、光滑顺直，商品性好，种皮红褐色、肾形。该品种耐热性好，适宜生长结荚温度为 22～35℃，适合全国各地夏季露地种植。

**(2) 泰利 B-8**（彩图 22）

2020 年育成的耐低温豇豆品种，早中熟品种。植株蔓生，生长势强，主侧蔓均可结荚，以主蔓结荚为主，分枝力强。叶色深绿，长卵圆形，始花节位约 5 节，中上层结荚集中，翻花结荚能力强。商品荚翠绿色，荚面光滑顺直，荚长 70～75 cm，荚粗 0.85 cm 左右，单荚重 42 g 左右，豆荚顺直，商品性好。种皮红褐色、肾形。该品种喜温但不耐热，适宜生长结荚温度为 20～32℃，适合全国各地早春及秋季大棚露地种植，海南省 10—11 月均可种植。

**(3) 泰利 B-9**（彩图 23）

2021 年最新育成的耐低温较好豇豆品种。早中熟品种，植株蔓生，生长势强，主侧蔓均可结荚，以主蔓结荚为主，分枝力强。叶色深绿，长卵圆形，始花节位约 5 节，中上层结荚集中，翻花结荚能力强。商品荚翠绿色，荚面光滑顺直，荚长 70～75 cm，荚粗 0.85 cm，单荚重 42 g 左右，豆荚顺直，商品性好。种皮红褐色有斑点、肾形。该品种喜温但不耐热，适宜生长结荚温度为 20～32℃，适合全国各地早春及秋季大棚露地种植。海南省 10—11 月均可种植。

## 42 豇豆特色品种有哪些？

**(1) 赣秋红**（彩图 24）

早中熟品种，植株蔓生，生长势强，分枝较少，主蔓结荚为主。始花节位

4～5 节，叶片中等，叶色绿色，叶长 11.9 cm，宽 9.4 cm。商品荚色紫红色有光泽，荚长 60～65 cm，荚粗 0.75 cm 左右，单荚重 33 g 左右，条荚上下粗细均匀、不露仁、无鼠尾。耐老化、耐贮运，肉质厚、商品性好。每荚含种子17～18 粒、种皮红褐色、肾形，种子千粒重 130～135 g。该品种抗性强，适应性广，持续结荚能力强，产量高。在长江流域春季 4 月至 8 月上旬均可种植，海南省四季均可播种。

**（2）紫红宝**（彩图 25）

早熟品种，植株蔓生，生长势强，分枝较少，主蔓结荚为主。始花节位3～4 节，叶片中等，叶色绿色。商品荚紫红色，有光泽，荚长 45～50 cm，荚粗 0.85 cm 左右，单荚重 30 g 左右，荚面上下粗细均匀、不露仁、无鼠尾。肉质厚、商品性好，种皮红白相间的花籽粒、肾形。该品种抗性好，适应性广，持续结荚能力强，产量高。在长江流域春季 4 月至 8 月上旬均可种植。海南省四季均可种植。

**（3）紫秋豇 6 号**（彩图 26）

早中熟品种，植株蔓生，生长势强，分枝较少，主蔓结荚为主。始花节位5 节，叶片中等，叶色绿色。商品荚色淡紫色，荚长 45～50 cm，荚粗0.86 cm 左右，单荚重 31 g 左右，荚粗细均匀顺直、无鼠尾。耐老化、耐贮运，肉质厚、商品性好，种皮红白相间的花籽粒、肾形。该品种耐热性一般、抗病性一般，但丰产性好，产量高。在长江流域春季 4 月至 5 月上旬、秋季 7月下旬至 8 月上旬均可种植。

**（4）彩蝶花豹**（彩图 27）

早中熟品种，植株蔓生，生长势强，分枝较少，主蔓结荚为主。始花节位5 节，叶片中等，叶色绿色，商品荚银白色带紫色花斑，荚长 50～55 cm，荚粗 0.84 cm 左右，单荚重 32 g 左右，荚粗细均匀顺直、无鼠尾。肉质厚、商品性好，种皮红白相间的花籽粒、肾形。该品种抗性好，适应性广，持续结荚能力强，产量高。在长江流域春季 4 月至 8 月上旬均可种植。海南省四季均可种植。

**（5）银豇 1 号**（彩图 28）

该品种条荚银白色、光亮、具有纤维少，条粗长、肉质厚、品质好、好吃等优点，是目前的特色品种之一。该品种植株蔓生，株高 2.5～3.0 m，生长势强，分枝少，主侧蔓均可结荚。主蔓第 3～4 节开始结荚，商品荚银白色，荚长 70～80 cm，荚粗 0.85 cm 左右，单荚重 38 g 左右，横径 0.7～0.9 cm，圆形，不易老化，品质佳，中熟生育期 55～70 d。

该品种长势旺，宜适当稀植，一般留双株。适应春秋栽培，春播 3 月中下旬至 6 月中下旬，秋播 7 月中下旬至 8 月中下旬，基温在 15℃以上可以播种，正常生长温度在 22～33℃，最佳开花结荚期适宜温度 26～33℃。耐老化、耐贮运，肉质厚、商品性好，种皮红褐色、肾形。

**(6) 银豇 2 号**（彩图 29）

极早熟品种，植株蔓生，生长势中等，分枝少，主侧蔓均可结荚。始花节位 3～5 节，叶片中等，叶色绿色，叶长 11.3 cm，宽 8.5 cm。商品荚银白色，荚长 70～75 cm，荚粗 0.70 cm 左右，单荚重 32 g 左右，荚面粗细均匀、光滑整齐、不露仁、无鼠尾。耐老化、耐贮运、肉质厚、商品外观好，每荚种子 18 粒左右，种皮红褐色、肾形，种子千粒重 125～130 g。该品种抗寒性强，耐高温性一般（25～30℃），适应性广，适合早春保护地、露地栽培。

**(7) 热豇 6 号**（彩图 30）

该品种由中国热带农业科学院热带作物品种资源研究所多年选育。生长势强，中早熟，叶片中等，叶色略深，双荚率高，荚面红色，荚长 55 cm 左右，耐热，抗病性强，适应性广，一般每 $667m^2$ 产 2 000 kg 以上。

# 第四章 豇豆标准化栽培关键技术

## 43. 豇豆在发芽期有什么生长规律？

豇豆从种子萌动到真叶展开进行独立生活为止为发芽期。此期各器官生长所需的营养主要由子叶供应。真叶展开后开始光合作用，由异养生长转换为自养生长，所以初始的一对真叶是非常重要的，应注意保护不被损伤或虫咬。发芽期需 6～8 d。

## 44. 豇豆在幼苗期有什么生长规律？

豇豆从幼苗独立生活到抽蔓前（矮生品种到开花）为幼苗期。此期以营养生长为主，开始花芽分化，茎部节间短，地下部生长快于地上部，根系开始木栓化。幼苗期需 15～20 d。

## 45. 豇豆在开花结荚期有什么生长规律？

豇豆从现蕾开始到采收结束为开花结荚期。此期的长短因品种、栽培季节和栽培条件的不同而有很大差异，短的 45 d，长的可达 70 d。此期开花结荚与茎蔓生长同时进行。植株在此期需要大量养分和水分，以及充足的光照和适宜的温度。

## 46. 豇豆生长发育对温度有什么要求？

豇豆耐热性强，35℃左右高温下仍能正常生长，不耐低温霜冻，种子发芽最低温度为 10～12℃，最适宜温度为 25～30℃，开花结荚最适宜温度为 25～28℃，植株生长最适宜温度为 20～30℃，15℃以下生长缓慢，10℃以下生长受抑制，5℃以下受冷害。32～35℃的高温条件下，植株茎叶可以正常生长，但是花器发育不健全，授粉受精受阻，落花落荚严重。

 ## 47. 豇豆生长发育对光照有什么要求？

豇豆多属于中光性植物，短日照下能降低第 1 花序节位，开花结荚增多。豇豆喜阳光，也较耐阴，开花结荚期，需要良好的光照，光照不足，落花落荚严重。豇豆按其对光照长短反应分为两种类型：一类对日照长短要求不严格，这类品种在长日照和短日照条件下，都能正常发育结荚，长豇豆品种多属此类；另一类对日照要求比较严格，适宜在短日照季节栽培，在长日照条件下，茎蔓徒长，延迟开花。

 ## 48. 豇豆生长发育对水分有什么要求？

豇豆要求适量水分，较耐干旱。发芽期和幼苗期，土壤不宜过湿，以免引起烂种，降低发芽率，或引起幼苗徒长，甚至烂根死苗；初蔓期（花前）适当控水；开花结荚期，要求适宜的空气湿度与土壤湿度，要保持土壤干湿交替，空气干燥、土壤干旱可引起大量落花。土壤含水量过大，又会引起茎蔓徒长，同样会大量落花落荚；结果盛期保证水分供应。

 ## 49. 豇豆生长发育对土壤养分有什么要求？

豇豆适应性强、耐瘠薄、稍耐盐碱，大多数土壤都可种植，但以土层深厚、有机质含量高、排水良好、保肥保水性强的中性壤土为好。过于黏重或低洼、涝渍土壤，不利于根系与根瘤菌发育，产量低。豇豆根瘤菌不及其他豆科作物发达，因此要保证肥料元素的供应，施肥时应氮、磷、钾配合施用，并应注意补施硼肥、钼肥，以促进结荚，增加产量。如需增加豇豆豆荚本身的风味和口感，可适当增加氨基酸寡糖素或海藻肥，帮助豇豆建立健壮的根系，增进其对土壤养分、水分与气体的吸收和利用；增大植株的茎秆维管束细胞，以加快水分、养分与光合有机产物的运输；提高豇豆的产量、品质以及增强豇豆的抗寒、抗旱、抗病能力，增效减药。海藻肥还能为豇豆提供各种营养元素，如氨基酸、多糖、维生素以及细胞分裂素等，破除土壤板结现象，延缓土壤盐渍化的速度。

 ## 50. 豇豆种植如何选址？

豇豆适应性强、耐瘠薄、稍耐盐碱，因此在大多数土壤上都可以种植。为保证豇豆的产量和品质，豇豆的种植仍应尽量选择土层深厚、疏松肥沃、有机质含量较高、排水良好的保肥保水性强的中性或偏酸性壤土，最适宜的土壤酸碱度为 pH 6.2～7。排水不良的土壤及地块不利于豇豆根系和根瘤发育，植株易染病，产量低；豇豆因有根瘤固氮，土壤也不宜过多施用氮肥，否则茎叶生长过于旺盛反而会降低产量。

## 51 如何做好土壤消毒？

土壤消毒是一种高效快速杀灭土壤中真菌、细菌、线虫、杂草、土传病毒、地下害虫、啮齿动物的技术，能很好地解决作物的重茬问题，并能显著提高作物的产量和品质。在豇豆的种植过程中，主要针对预防枯萎病和根腐病进行土壤消毒，可采用噁霉灵、咪鲜胺、敌磺钠进行土壤消毒，结合石灰氮覆膜熏蒸。

## 52 为什么要对土壤进行改良？

在传统的豇豆种植过程中，农户为了追求高产和防治病虫害，使用大量化肥和化学农药，破坏了土壤的结构，导致腐殖土和上层土下降，破坏土壤中的生态平衡和导致有机物的失调和流失。有些地区土壤板结情况严重，豇豆种植地成为废弃地。另外，大量使用化肥和化学农药加重了土壤酸化程度，导致有毒物质释放，或使有毒物质毒性增强，对作物产生不良影响。土壤酸化还能溶解土壤中一些营养物质，在降雨和灌溉的作用下，向下渗透补给地下水，使得营养成分流失，造成土壤贫瘠化，影响作物的生长。

这些影响土壤环境的问题可通过土壤改良，来改善土壤性状，提高土壤肥力，杀害土壤中的病菌，为农作物创造良好土壤环境，保证农业的持续发展。

## 53 土壤改良的主要做法包括哪些？

种植豇豆还需要根据土壤的实际情况进行修复和改良，可施用黄腐酸类肥料和微生物肥、有机肥，补充固氮菌、溶磷菌、溶钾菌、乳酸菌、芽孢杆菌、假单胞菌、放线菌等，增加土壤有益微生物的种群和活性，抑制病原微生物的增殖。

此外，土壤酸化导致有毒物质的释放，或使有毒物质毒性增强，对作物产生不良影响，土壤酸化还能溶解土壤中的一些营养物质，在降雨和灌溉的作用下，向下渗透补给地下水，使得营养成分流失，造成土壤贫瘠化，影响作物的生长。使用生石灰能够很好地中和酸性，改良土壤的 pH。

 **54. 为什么要轮作？豇豆怎么轮作？**

轮作一是可均衡利用土壤中的营养元素，把用地和养地结合起来。二是可以改变农田生态条件，改善土壤理化特性，增加生物多样性，调节土壤肥力，最终达到增产增收的目的。三是合理轮作能有效防治病、虫、草害，合理轮作换茬，因食物条件恶化和寄主的减少，将使寄生性强、寄主植物种类单一的害虫大量死亡。如利用前茬作物根系分泌的灭菌素，可以抑制后茬作物上病害的发生，如甜菜、胡萝卜、洋葱、大蒜等根系分泌物可抑制马铃薯晚疫病发生，小麦根系的分泌物可以抑制茅草的生长。四是合理轮作可使那些寄生性强、寄主植物种类单一及迁移能力小的害虫大量死亡。腐生性不强的病原菌等由于没有寄主植物而不能继续繁殖。五是轮作可以促进土壤中对病原物有拮抗作用的微生物的活动，从而抑制病原物的滋生。豇豆主要采取以下两种方式轮作：

**（1）水旱轮作**

南方水稻产区实行豇豆-水稻轮作，是最理想的轮作方式。这种轮作方式水旱交替，可恶化病虫害环境条件，既可减轻豇豆病虫害，又可减轻水稻病虫害，还可改善土壤结构。

**（2）豇豆与其他作物轮作**

这种方式适用于那些只能进行旱作的土壤，一般与玉米等粮食作物或叶菜、瓜类、茄科蔬菜进行轮作。

 **55. 轮作的基本原则有哪些？**

**（1）选择抗病虫害能力强的蔬菜进行轮作**

比如选不需要使用农药或者用农药量少的蔬菜。包括薯蓣科：山药、日本薯蓣、芋头；藜科：菠菜、甜菜、碱蓬；伞形科：胡萝卜、水芹、香芹、芹菜、茴香、香菜等；菊科：牛蒡、莴苣、茼蒿；唇形科：紫苏、薄荷；姜科：姜；旋花科：甘薯；百合科：韭菜、大蒜、大葱、洋葱、石刁柏、百合等。

**（2）利用时空差进行轮作**

利用不同科作物对时间和空间需求不同进行轮作，如豆科植物（豌豆、蚕豆、小豆、花生、大豆、菜豆、豇豆、扁豆、刀豆）与十字花科植物（白菜、甘蓝、萝卜、芜菁、芥菜、油菜）交替种植，在空间上选择冷凉地区、高海拔地区或春冬冷凉季节生产，不用农药或者少用农药即可生产出优质的蔬菜。

**(3) 利用作物茬口特性的轮作**

茬口特性是指种植某种作物（前茬作物）后造成土壤理化性质改变，从而影响后茬作物的产量。由于前茬作物选择不同，会不同程度上直接或间接影响后茬作物生长发育的好坏和产量的高低。因此，掌握各类作物茬口特性是做好轮作计划的基础。

**(4) 同科蔬菜不宜轮作**

茄科蔬菜不能轮作，如番茄、茄子、辣椒和甜椒等。十字花科蔬菜如白菜、菜心、花椰菜、西兰花、白萝卜、樱桃萝卜和荠菜也不能轮作。各种豆类、瓜类也不宜轮作。

**(5) 深根与浅根的轮作**

根系分布不同，吸收不同深度的泥土中的养分，如番茄-白菜就是利用深根浅根进行轮作。

## 56. 什么是间作套种？

间作套种也可称为立体农业，是指在同一土地上按照一定的行、株距和占地的宽窄比例种植不同种类的农作物，是充分利用种植空间和资源的一种农业生产模式。

间作：一般把几种作物同时期播种，间作作物的共生期至少占一种作物的全生育期的一半。

套种：不同时期播种的叫套种，在前季作物生长后期的株行间播种或移栽后季作物的种植方式也叫套种，套种作物的共生期较短，一般不超过套种作物全生育期的一半。

合理的间作套种可以减少土地重茬危害，抑制病虫害，有多种好处，可有效促进作物增产增收。

## 57. 间作套种有什么技巧？

**(1) 注意选择根系深浅不同的作物进行套种**

一般是深根系作物与浅根系作物搭配，以方便不同作物在土壤中吸取营养和水分。如果根系深浅差不多，会影响作物对土壤中的养分和水分利用，甚至导致作物降产。

**(2) 间作套种的作物最好能对病虫害起到相互制约**

如玉米套种大蒜，大蒜分泌的大蒜素能驱散玉米蚜虫，使玉米菌核病发病率下降，有利于防控病虫害，减少农药施用。利用香菜套种豇豆，香菜的味道能驱避蚜虫，减少豇豆上蚜虫的发生。

**（3）一般套种的作物应注意高矮搭配**

高矮不同有利于植物通风透光，更充分利用太阳光能。如玉米与大豆或绿豆的间作，豇豆与香菜间作。

**（4）注意套种时错开主副作物成熟时间**

不同采收期一方面可使晚收的作物在生长后期能充分地吸收养分和光能，促进高产。另一方面，错开收获期，可避免劳力紧张，有利于生产工作安排。

**（5）间作时还应考虑不同叶形作物进行套种**

如将圆叶形作物宜与尖叶形作物套作，这样不容易遮挡光线，可提高光能利用率。或将枝叶类型一横一纵的作物进行套种，可形成通风透光的复合群体，可提高光合作用效益。

**（6）可利用不同作物的营养互补性来选择套种**

例如玉米套种大豆，大豆的根瘤菌可为玉米提供氮肥，而玉米分泌的无氮酸类，则是大豆根瘤菌所喜欢的基质。

**（7）喜阴作物与喜阳作物相互搭配**

如韭菜套种豇豆，韭菜吸收部分营养，使豇豆不会徒长而多结荚，豇豆也会为韭菜遮阳，促进韭菜生长。这样可充分发挥水肥作用，增强作物抗灾能力，有利于减轻旱涝灾害。

## 58. 选购农业投入品应注意什么问题？

应选购具有合格证明的农药、肥料、种子、农膜等农业投入品，购买时检验投入品的产品批号、标签标识。不应采购"三无"（无生产厂家、无生产日期、无产品批准文号）、质量差、批准文号过期的投入品，购买后应索取并保存购买凭证或发票，采购数量较大时宜签订采购协议；

——禁止购买、使用、储存国家和海南省禁用的农业投入品；

——变质或过期的投入品要做好标识，隔离禁用并安全处置；

——做好农业投入品使用管理档案记录。

其他包括地膜、防草布、纸箱、泡沫箱、塑料膜、冰袋等，按照国家和行业标准采购，使用前后不得随意丢弃，回收处置前应妥善收集保管。

## 59. 采购肥料要注意什么问题？

采购肥料时一是要根据作物生长和品质需要选购适合的肥料品种。根据作物对氮、磷、钾及中、微量元素肥料的需要，选购适合的肥料品种。二是注意选购有生产许可证和登记证的肥料。三是注意包装的完好和包装标识的规范。包装不完整的肥料，即使是合格产品，也容易吸潮而使肥料水分含量超标，导致养分含量不足。

肥料中的有害有毒物质的限量应符合 GB 38400《肥料中有毒有害物质的限量要求》的规定。肥料使用按照 NY/T 496《肥料合理使用准则　通则》的规定执行，有机肥应符合 NY/T 525《有机肥料》的规定，微生物肥料应符合 NY/T 798《复合微生物肥料》的规定，叶面肥应符合 GB/T 17419《含有机质叶面肥料》和 GB/T 17420《微量元素叶面肥料》的规定。

 **60. 采购农药要注意什么问题？**

购买农药时要注意以下问题：一要明确防治对象，选用最佳药剂品种。二要检查药品包装。包装上应注明农药产品名称、厂家名称、"三证号"、重量或体积、出厂日期、生产批次、使用时期与方法、注意事项。三要了解农药毒性，要选用高效、低毒、低残留农药品种，减少对环境的污染。四要注意外观质量要合格，要在保质期内。此外，要遵守 GB/T 8321《农药合理使用准则（所有部分）》、NY/T 1276《农药安全使用规范总则》和各省有关的规定。农药废弃物、包装集中回收处理。

 **61. 如何巧施豇豆基肥？**

为保证豇豆产量和品质，施用基肥必不可少。基肥以农家肥等有机肥为主，每 667m² 施用商品有机肥 500～1 000 kg、三元复合肥 30～50 kg、生物菌肥 5～10 kg 充分拌匀作基肥，在畦中开沟埋施后覆土。

 **62. 为什么要选银黑双色地膜？**

采用银黑双色地膜可保墒防雨、提高地温，还可驱避蚜虫、减少病毒病的传播和发生（彩图 31）。此外，银灰色地膜朝上还可以反射太阳光，增加豇豆的光照。选用银黑双色地膜铺设时，使用时银灰色面朝上，黑色朝下，注意覆膜四周应用土块等封严盖实。

 **63. 如何选种和做好种子处理？**

选择生长旺盛、耐热性强、早熟、高产、适应性强的优良品种，以及饱满、无病虫害、无损伤和明显具有该品种特征的种子。种子纯度不低于95%，发芽率不低于90%，在播种前将种子于阴凉环境下晾晒半天至一天，严禁暴晒，提高种子活力和发芽率。播种前，可采用种子重量0.2%的噻虫·咯·霜灵或2.5%咯菌腈等种衣剂办法拌种；也可用种子重量0.5%的杀菌剂如50%多菌灵可湿性粉剂拌种或500倍液浸泡15 min，浸种温度最好控制在25℃以内。

## 64. 为什么设施大棚种植前要高温闷棚？

近年来，南方设施蔬菜栽培面积逐年扩大，由于保护地设施的不可移动性，造成蔬菜重茬现象严重，土传病害高发，尤其是线虫危害的地块，常造成严重减产，甚至绝收。利用盛夏高温季节，采取高温闷棚消毒，消除病菌，杀灭虫卵，清除杂草，减少病虫草害基数，可为接下来的育苗和种植打下良好的土壤基础。

高温闷棚主要有如下优点：

①防治枯萎病效果好。该病原菌常在土壤中繁衍，当存活量较大时，就会引起枯萎病暴发。夏季高温闷棚对其有较强的杀伤作用，闷棚后表土20 cm深的土层中，90%以上的枯萎病镰孢菌会被消灭，故其难以在短期内积累到很大的病菌数量。一年一度进行夏季高温闷棚的大棚，枯萎病很少发病，甚至不发病。

②能有效防治卵菌病害。夏季高温闷棚对疫霉根腐病等卵菌病害有很好的防治效果。

③减轻根结线虫危害。高温闷棚能杀灭10～20 cm深的土壤表土中的根结线虫幼虫和卵。

④能杀灭大棚内部附着的真菌类病原物，如大棚内附着的病原孢子和各种菌丝、菌核等，能明显减轻各种病害。

⑤高温闷棚杀灭了棚中部分杂草和杂草上的害虫，使叶螨、蓟马、蛞蝓等害虫受到明显抑制，甚至不会大发生。

⑥闷棚可使土壤中的有机质进一步分解，所以闷棚前施入土杂肥、粪肥、草肥等，经过闷棚后，其中有机质进一步分解，既发挥了肥效，又避免了生肥烧根。

⑦有利于提高药效，并且无残留。通过在闲茬棚室内施用适当的低毒、低残留、光解快、易挥发种类的农药，既可以适量增加用量，提高药效，又能够充分发挥高温强光的作用，把农药的残效期缩短，达到对蔬菜无害又无农药残留的效果。

⑧有利于改良土壤。结合增加有机肥和秸秆的使用量，并科学配施一定量的发酵菌肥，可大大改善土壤结构，丰富团粒结构，降低板结，减轻、延缓盐渍化程度。

## 65. 高温闷棚的方法有哪些？

①整地施肥。施有机肥，如鸡粪、猪粪、牛粪等，或利用植物秸秆如玉米秆、稻草（切成 3～5 cm 长小段），如果加入植物秸秆的话，每 667m² 相应增施 15～20 kg 尿素，因为秸秆在腐熟分解过程中需要消耗一定量的氮素。有机肥每 667m² 用量一般 3 000～5 000 kg，均匀撒施在土壤表面，然后深翻 25～30 cm。有机肥如腐熟鸡粪、干牛粪等，有提高地温和维持地温的作用，使杀菌效果更好。地整好后，再按照不同豇豆的种植方式起垄或做成高低畦，这样可使地膜与地面之间形成一个小空间，有利于提高地温。

②灌水。大棚四周做坝，灌水，水面最好高出地面 3～5 cm，有条件的覆盖旧薄膜，要关好大棚风口，盖好大棚膜，防止雨水进入，严格保持大棚的密闭性，使地表以下 10 cm 地温达到 70℃以上，20 cm 地温达到 45℃以上，达到灭菌杀虫的效果。土壤的含水量与杀菌效果密切相关，如果土壤含水量过高，对于提高地温不利；土壤含水量过低，又达不到较好的杀菌效果。实践证明，土壤含水量达到田间持水量的 60%～65% 时效果最好。

③药物处理。使用土壤熏蒸处理剂进行地膜覆盖土壤消毒，以杀死土壤中的病菌。选择高效低毒、环保无残留、不受温度限制的新型土壤熏蒸剂，既能杀死土壤中的根结线虫以及其他地下害虫和卵，还能杀死土壤中的真菌、细菌、病毒和杂草，对杀灭土壤病虫害效果显著。使用后改良土壤，根治重茬，促进生长，使植株健壮，不死棵、烂棵、不易得病，增产显著。

④密闭大棚。用大棚膜和地膜进行双层覆盖，周围一定要用土压严压实，严格保持大棚的密闭性，防止薄膜破损泄漏热气和降低温度，以免降低熏蒸效果。在这样的条件下处理，地表下 10 cm 处土壤最高温度可达 70～75℃，20 cm 的地温达 45℃以上，这样高的地温杀菌率可达 80% 以上。

高温闷棚应注意消毒时间。绝大多数病菌不耐高温，经过一段时间的热处理（一般为 10 d 左右）即可被杀死，如蔬菜的立枯病病菌、菌核病病菌、疫病病菌、黄萎病病菌、根结线虫等。但有的病菌特别耐高温，如根腐病病菌、根肿病病菌和枯萎病病菌等一些深根性土传病菌，由于其分布的土层深，必须处理 30～50 d 才能达到较好效果。因此，进行土壤消毒时，应根据棚内防治相应病菌的抗热能力来确定消毒时间的长短。

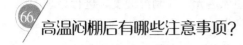

## 66. 高温闷棚后有哪些注意事项？

①在高温闷棚后必须增施生物菌肥。因为在高温状态下，土壤中的无论有害菌还是有益菌都将被杀死，如果不增施生物菌肥，那么作物定植后若遇病菌侵袭，则无有益菌缓冲或控制病害发展，很可能会大面积发生病害，特别是根部病害，因此在作物定植前按每 $667m^2$ 80～120 kg 的生物菌肥用量均匀地施入定植穴中，再用工具把肥和土壤拌匀后定植，以保护根际环境，增强植株的抗病能力。

②太阳热消毒对不超过 15 cm 深的土壤效果最好，对超过 20 cm 深的土壤消毒效果较差。因此，土壤消毒后最好不要再耕翻，即使耕翻也应局限于 15 cm 的深度。否则，会将下面土壤的病菌重新翻上来，发生再污染。

③因土壤中拌有农家肥等有机肥，在高温发酵的过程中产生大量的氨气，所以应当在揭膜通风 5～7 d 后再定植作物，以防产生气害。

④根结线虫病严重的菜棚，在高温闷棚前应将病株残叶等运出棚内，减少棚内的根结线虫，同时减少植株的遮阴，提高闷棚效果。

## 67. 豇豆播种有什么技巧？

宜选用高产优质、耐贮存、商品性好、满足市场需求的抗（耐）病虫和抗逆性强的品种。根据种植方式和所选豇豆品种的不同，豇豆适宜的种植密度也有区别。若采用设施栽培，由于通风性较差，可采取相对较小的种植密度，株距为 25～30 cm。若是进行露地栽培，种植密度可相应加大。不同的豇豆品种对种植密度也有不同的要求，种植时也应考虑在内。育苗移栽的，因营养生长较直播的弱，可适当加大种植密度。

①直播。由于豇豆的根系再生能力较弱，因此，栽培上多采用直播的方式。播种时多采用有包衣的种子，对没有包衣的种子用 50% 多菌灵 500 倍液浸泡 15 min 后冲洗干净，再用干净的水浸泡 1～4 h 后直播。直播时，播种深度 1～2 cm，每穴播 3～4 粒种子。出苗后间苗，每穴留 2～3 株。

②育苗移栽。育苗移栽能使出苗整齐，且可提早播种，提早收获，延长豇豆采收期。由于豇豆的根容易木栓化，再生能力弱，因此育苗移栽应在第一对真叶展开前进行移植才有利于成活。育苗基质可自制育苗基质椰糠（体积比为 4∶1 的椰糠和沙子混合物），或选用商品基质。每穴 2～3 粒种子。种子处理方法与直播的一致。

需要注意的是，无论是直播还是移栽，若采用设施栽培，豇豆苗常面临徒长的问题。因此需注意幼苗阶段要加强通风透光，控制温湿度，进行合理的肥水管理，控制氮肥用量，以抑制苗的过度生长。

## 68. 豇豆的种植密度多少为宜？

种植密度是指在单位面积上按合理的种植方式种植的植株数量，一般以每 $667m^2$ 株数来表示。豇豆是喜温喜光作物，种植一定要注意密度的合理性，栽培密度过大不利于生长，严重时还会出现死苗的现象，过小不利于提高产量。合理的种植密度还可以增强田间的通风。

比较合理的种植密度是平均每株之间间隔 20～30 cm，双行种植畦宽 80～90 cm，单行种植畦宽 30～40 cm。畦高 20～30 cm，沟宽 25～35 cm。具体根据品种特性、种植季节的天气和种植模式进行适当调整。

## 69. 豇豆为什么要中耕培土？

豇豆在定植并且缓苗以后，就要立刻做好中耕培土的措施，这样可以让种植地块的土层更疏松，有利于地块的温度增高，让豇豆的根生长更顺利。从定植到豇豆花朵开放之前，每隔一个星期的时间就要中耕一次。中耕的同时要把豇豆的根部进行培土，这样能让它的根侧生出更多小根，增加水分和养分吸收。

覆盖地膜种植豇豆，畦面不长杂草，无需中耕，只需在地膜边长出较浓密的杂草后使用除草药剂或人工拔除。未覆盖地膜种植豇豆，缓苗水浇后或直播苗齐后，进行第 1 次中耕，并结合除草进行。苗间、行间可深 8 cm 左右，靠近幼苗周围只破表土即可，以免伤根。

## 70. 如何做好豇豆搭架引蔓？

豇豆抽蔓迅速，一般来说，当植株叶片达到 5～6 片时就应及时准备搭架引蔓，架型一般采用比较抗风的直插式，使用竹竿搭人字形架或未状架为多，每穴一杆。插好后要及时人工辅助引蔓上架，最好选择晴天的午后进行，此时茎蔓较柔韧，不易在操作时被折断。按逆时针方向把蔓缠绕在毛竹竿上。此时需要及时用绳子将茎蔓定位在架杆上。植株满架前，一般需要人工辅助绕蔓 3～4 次。若使用设施栽培，除了竹竿搭架外，还可以在棚顶按豇豆的种植方向拉铁丝，然后用塑料包装绳缠在铁丝上，将豇豆牵引上去。豇豆是靠主蔓结荚，主蔓的第一花序下方的侧枝给予修剪，以加强主蔓的花序数量和结荚数量，提高产量。

 **豇豆搭架方式有几种？怎么搭？**

豇豆的搭架方法主要有以下 5 种模式：

**（1）单杆模式**

简单的将一个竹竿插入到泥土里面，固定好，保证竹竿不倒，让豇豆秧顺着竹竿攀爬，后期可以通过尼龙绳绑豇豆秧的方法固定。

**（2）整体网架模式**

将很多细竹竿插在泥土里面，注意是斜插，让细竹竿与地面呈 60°，然后通过尼龙绳将邻近竹竿绑起来，这样可以将所有竹竿连接成整体网架结构，方便豇豆生长。

**（3）单组模式**

将豇豆分组，然后将竹竿按照搭建帐篷的模式，搭建成一组一组的，然后下面插进泥土中，竹竿上面通过尼龙绳绑定，使竹竿稳定成帐篷模式即可。

**（4）拱形竹竿模式**

将竹竿的两头插入泥土内，然后通过横向竹竿连接起来，固定成网状，保证豇豆正常生长。

**（5）"人"字形模式**

用竹子搭一排"人"字形的架子，把竹子切成 2 m 以内，插在豇豆的两边，按照豇豆的间距，一排竖着插好，把竖着的竹子按距离分成几份，每份用绳子绑住横放的竹子。在架高 1/3 处，沿畦长平行架一长竿，与相对的两穴架捆绑在一起，使每畦架成一体，每行增加斜架 2～4 根，以增加抗倒伏性。为节约竹子、人力和工时，可采取搭架加吊绳引蔓的搭架方式，减少成本。为提高搭架的牢固性，一般每垄长度控制在 15～20 m。

**72.** **如何做好豇豆整枝打杈？**

整枝打杈能调节豇豆的生长和结荚、减少养分消耗、改善通风透光，有利于早开花、早结荚，提早收获上市。方法如下：

①抹底芽。为使主蔓粗壮且花序早开花结荚，当主蔓第一花序以下的侧芽长至 3 cm 左右时应及时彻底摘除。

②打腰枝。对主蔓第一花序以上各节位的侧枝摘心，留 1～3 叶，保留侧枝花序以增加结荚部位。第一次产量高峰后，对叶腋间新萌生的侧枝（二茬蔓）也按此操作。对于侧蔓结荚型品种，第一花序以上的侧枝采用相同操作，

而侧枝可按品种特性适当选留。

③主蔓摘心。当主蔓长出第一个花序时，花序以下的侧枝应全部摘除，花序以上的侧枝要进行摘心；当主蔓长 15～20 节，达 2～2.3 m 时摘心封顶，以控制株高，促进下部节位花芽的形成和发育，维持良好的光照条件。矮生豇豆可以在主枝 30 cm 高时摘心，以促进侧枝发生和早熟。

④摘老叶老枝。在豇豆生长盛期，如果底部通风透光不良则易引起后期落花落荚。因此可分次剪除下部老叶。在豇豆生长后期，要注意剪除老化的枝蔓，促进新生蔓的生长，提高后期产量。

 **如何做好豇豆的追肥管理？**

豇豆喜肥但不耐肥，肥料管理主要包括 3 个方面：一是施足基肥，及时追肥。二是增施磷钾肥，适量施氮肥。三是先控后促，防止徒长和早衰。植株营养是增加花序和成荚的关键。基肥充足，可促进根系生长和根瘤菌的活动，多形成根瘤，使前期茎蔓健壮生长，分化更多的花芽，为丰产打下基础。豇豆在开花结荚以前，对水肥条件要求不高，管理上以控为主。结荚以后，重在合理追肥浇水，如果水肥供给不足，植株生长衰退，出现落花落荚，可按下表进行追肥。

| 生长期 | 时间点 | 施肥方法 | 次数 |
|---|---|---|---|
| 苗期 | — | 以蹲苗为主，正常情况下不宜追肥 | — |
| | 苗长势弱时 | 每 667m² 每次随水追施三元复合肥 3～5 kg | 1～2 次，间隔 7～10 d |
| | 天气降温前 | 叶面喷施氨基酸、腐殖酸等有机叶面肥 | 2～3 次，间隔 7～10 d |
| 开花结荚期 | 花芽开始分化时 | 叶面喷施 0.3%磷酸二氢钾溶液 | 5～8 次，间隔 7～10 d |
| | | 叶面喷施 0.2%硼肥和 0.1%钼肥 | 2～3 次，间隔 10～15 d |
| | | 叶面喷施赤·吲乙·芸苔或复硝酚钠等植物生长调节剂 | 2～3 次，间隔 10～15 d |
| | 第一花序豆荚坐稳后 | 每 667m² 每次随水追施三元复合肥 7～10 kg | 1 次 |
| | 主蔓上约三分之二花序开花 | 每 667m² 每次随水追施三元复合肥 7～10 kg | 1 次 |
| | 采收盛期 | 每 667m² 每次随水追施三元复合肥 8～10 kg、硫酸钾镁肥 3 kg | 4～6 次，间隔 5～7 d |

 **如何做好豇豆水分管理？**

豇豆的抗旱能力非常强，从定植到花朵开放这段时间一般不需要补充太多水分，只需保持土壤不干燥便可，避免它的茎和叶子出现徒长。豇豆开花的时候通风量要加强，以降低湿度来优化授粉条件，防止花朵掉落并且降低病害的出现概率。豇豆耐旱，南方春季雨水较多，不必灌水，而夏秋两季属高温干旱，应注意施肥灌水，以减少落花落荚，并防止蔓叶生长早衰，延长结果时间，提高产量。

使用直播的播种方法，应在播种前一天将土壤浇透。而若使用育苗移栽的方法，则定植后的第一次灌（滴）水需浇透，否则会导致豇豆生长参差不齐。豇豆苗基本出齐后可灌（滴）水定根。出现花蕾后灌（滴）小水；第一花序开花坐荚且 3～4 节花序显现后灌（滴）足头水；待中、下部豆荚伸长且中、上部花序出现时灌（滴）第二水，到结荚期之后，视土壤干湿度进行灌（滴）水。

豇豆抽蔓后，特别是开花结荚期，土壤湿度保持在 60%～70% 为宜，空气相对湿度最好控制在 70%～80%。雨水过多会明显降低豇豆的结荚率。因此，雨后及时清沟排水，注意防涝。下部花序开花结荚期间，一般半月浇 1 次水，随水每 667m² 施磷酸二铵 8 kg；中部花序开花结荚期，10 d 左右浇 1 次水，每次可随水冲施液体肥；上部花序开花结荚期及中部侧蔓开花结荚期，每 10～15 d 浇 1 次水。高温天气及时补水。

## 75. 如何做好豇豆温度管理？

白天的时候温度最好能维持在 20～25℃，晚上的时候温度最好能维持在 15～20℃。豇豆开花以后，白天的时候温度最好能在 20℃ 左右，晚上的时候温度最好能在 15℃ 以上，这样对豇豆的开花和结果非常有利。

大棚设施栽种豇豆一个星期之内，正常不需要通风和换气，让大棚里保持较高的温度可以有助于豇豆缓苗。如果温度高于 30℃，中午的时候可以适当通风。从缓苗到豇豆花朵开放这段时间温度最好能维持在 25℃ 左右，豇豆生长的速度就会加快很多；豇豆花朵开放和结荚时期，温度维持在 20℃ 左右的情况下，通风量大，更有利于授粉，结荚量也显著增加。温度与湿度太高的话，豇豆容易落花落荚，棚内湿度控制在 75% 左右为佳。防虫网棚的豇豆平时不用通风，但高温高湿期可通过顶部安装通风设施等方式进行通风，以减轻病害发生。

## 76. 如何选择叶面肥喷洒？

可在豇豆苗期、花芽分化期、果实成熟期进行叶面喷施，补充磷、钾、硼和钼元素等豇豆生长所需的多种养分，防止早衰，促进茎秆粗壮和生殖生长，促进籽粒灌浆和转色增甜，改善叶色、果实光泽度和风味，提高豆荚品质。叶面施肥常用尿素、磷酸二氢钾、氯化钙、硼酸钠、硫酸锰、硫酸铁、硫酸镁、硫酸铜、硫酸锌、钼酸铵、腐殖酸等。根据豇豆表现的缺素症状来决定叶面肥的喷施。

## 77. 如何巧施翻花肥？

在豇豆采摘至顶部时，通过施翻花肥和加强管理能促进豇豆腋芽与花梗的花芽重新分化、开花和结荚。第一次产量高峰出现后，为防止植株早衰，一定要注意肥水管理，一般每 667m² 施尿素 20～25 kg、钾肥 10 kg，叶面喷施硼钼肥和生长激素等以促进侧枝萌发和侧花芽的形成，并使主蔓上原有的花序继续开花结荚。若施肥得当，则原有的花梗上一般可重新分出 3～4 朵花。需特别注意，若要进行翻花栽培，采摘时一定不能碰伤豇豆的花柄，否则无法再分化出花芽。

## 78. 水肥一体化技术主要有哪几种模式？

水肥一体化主要的技术应用模式有喷灌、微喷灌、滴灌和膜下滴灌等模式。

①喷灌是利用喷头将具有一定压力的水喷射到空中，形成细小的水滴或形成弥雾降落到作物上和土壤中的灌溉方式。喷灌可用于各种类型的土壤和作物，对各种地形的适应性较强，可以控制喷水量和均匀性，避免产生地面径流和深层渗漏损失，一般比漫灌节水 30％～50％。除了自压喷灌系统外，喷灌系统都需要加压，喷灌受风力的影响较大，有空中损失，对空气湿度的影响较大，存在表层土壤润湿充分、深层土壤润湿不足的缺点。

②微喷灌水肥一体化技术是营养液以较大的流速由低压管道系统的微喷头喷出，通过微喷头喷洒在土壤和农作物表面。微喷灌的优点是水肥利用率高、灵活性大、实用方便，可调节田间小气候。微喷灌的缺点是对灌溉水源水质的要求较高，必须对灌溉水进行过滤，田间微喷灌的喷头易被杂草、作物茎秆等杂物阻塞，而喷洒质量、均匀度等受风的影响较大。

③滴灌是将具有一定压力的营养液，利用灌溉管道将营养液通过滴头，将水分和养分一滴一滴、均匀而又缓慢地滴入作物根区土壤中的灌溉技术。滴灌技术不破坏土壤结构，需要的工作压力小，可以减少无效的棵间蒸发，几乎没有深层渗漏，一次灌水延续时间较长，可以做到小水勤灌，具有较好的节水效果。滴灌的缺点是滴头易结垢和堵塞，可能造成滴灌区盐分的累积，影响作物根系的发展。因此，滴灌对水质的要求较大，初期投资较大，必须安装过滤器

并需要定期清理和维护。

④膜下滴灌技术是将滴灌管道铺设在膜下，通过管道系统将水肥送入滴灌带，由滴灌带上的滴头将水肥不断滴入土壤中。膜下滴灌水肥一体化的缺点如下：灌溉器容易阻塞，会引起浅层土壤盐分积累，限制根系的发展，高频率灌溉要求水电保证率高。调查显示，与传统灌溉相比，膜下滴灌可以节水 30%～50%，增产 20%～30%。

 ## 79. 文丘里施肥法是什么原理？

当水流由管道的高压区向低压区流动时，经过文丘里管道喉部时流速加大，压力下降并形成负压，在管道内产生真空吸力，将肥料母液从肥料管吸取至灌溉系统。文丘里施肥法的优点是结构简单，成本低，安装方便，无需外部能耗，吸肥量范围大，可实现按比例施肥和保持恒定的养分浓度。因此，文丘里施肥法在施肥设备中应用范围最广，一般适于灌溉面积不大的场合。

 ## 80. 豇豆缺氮怎么办？

豇豆缺氮会使基部全叶变黄甚至脱落，后逐渐上移遍及全株；新叶窄小且薄，生长慢，颜色淡绿。植株矮小，茎秆细弱，分枝少，侧芽易枯死；坐荚少或落花落果较严重，果实生长较慢，颜色淡，果实变小，畸形果增多；植株长势弱，抗逆性差，容易发病；收获时间缩短，产量降低，品质差。缺氮发生的原因：土壤本身含氮量低；种植前施用大量没有腐熟的作物秸秆或有机肥，导致土壤中碳素多，其分解时夺取土壤中的氮；产量高收获量大，从土壤中吸收氮多而追肥不及时。

缺氮防治方法：施用新鲜的有机物（作物秸秆或有机肥）作基肥时要增施氮素或施用完全腐熟的堆肥。出现缺氮症状时，及时施用氮肥和尿素，或硫酸铵，以穴施或撒施为主，并辅以 0.2%～0.5% 的尿素水溶液进行叶面喷施。

 ## 81. 豇豆缺磷怎么办？

豇豆缺磷时植株生长缓慢，茎秆细弱，分枝较少或不分枝；根系发育差，生根少，根系不发达；苗期叶片颜色深，发硬且无光泽，叶柄呈紫色，个别叶片呈红色或紫色，易落叶；结荚期下部叶片黄化，上部叶片小并稍微向上挺。

缺磷发生的原因：磷肥用量少易发生缺磷症，低温常常影响对磷的吸收。温度低，对磷的吸收就少，大棚等保护地冬春或早春易发生缺磷症状。

缺磷防治方法：豇豆苗期特别需要磷，要注意增施磷肥，施用足够的堆肥等有机质肥料。磷肥的施用应以基施为主，前茬作物收获后，豇豆播种或定植前，每 667m² 施用磷酸二铵，以沟施或穴施为主，最好与有机肥同时施用。豇豆生长中出现缺磷症状时，每 667m² 追施磷酸二氢钾（穴施），同时叶面喷施磷酸二氢钾水溶液。

## 82. 豇豆缺钾怎么办？

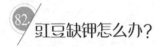

豇豆缺钾时基部老叶尖端和边缘变黄，逐渐干枯呈褐色，叶脉两边和中部仍保持绿色。严重缺钾时，植株中上部大部分叶片干尖或干边，茎秆细长，抗倒伏能力差；荚果发育不良，易成畸形果；植株生长势弱，抗旱、抗寒、抗病能力差，易早衰，产量低。

缺钾发生的原因：土壤中含钾量低，而施用堆肥等有机质肥料和钾肥少，易出现缺钾症；地温低，日照不足，土壤过湿、施氮肥过多等阻碍对钾的吸收。

缺钾防治方法：施用足够的钾肥，特别在豇豆发育的中、后期不能缺钾。出现缺钾症状时，应立即追施硫酸钾等速效肥，穴施或沟施，辅以浇水，同时进行叶面喷施 3% 的磷酸二氢钾水溶液 2～3 次。

## 83. 豇豆缺钙怎么办？

豇豆缺钙时细胞分裂不能正常进行，影响根尖和茎尖发育。植株矮小或生长缓慢，顶叶的叶脉间淡绿色或黄色，幼叶卷曲，叶缘变黄失绿后从叶尖和叶缘向内死亡；顶芽发育不良，严重时溃烂死亡；茎粗大，木质多，茎端营养生长缓慢；侧根尖易发生溃烂坏死呈瘤状突起。

缺钙发生的原因：土壤中氮多、钾多或土壤干燥，阻碍对钙的吸收；空气湿度小，蒸发快，补水不足时易缺钙；也可能是由于土壤本身缺钙。

缺钙防治方法：若土壤钙不足，增施含钙肥料；避免一次施用大量钾肥和氮肥；适时浇水，保证水分充足。在施用基肥时增加有机肥施用量，在中性沙质土壤中，以过磷酸钙作为基肥进行施用。发现缺钙症状时，及时用 0.3% 的氯化钙水溶液喷洒叶面。

## 84. 豇豆缺镁怎么办？

豇豆缺镁主要发生在生长的中后期，叶脉间失绿变黄，有时从叶缘开始黄化，严重时叶脉及两侧为绿色，其他部分全部失绿变黄坏死。

　　豇豆缺镁发生的原因：土壤本身含镁量低；钾、氮肥用量过多，阻碍对镁的吸收，尤其是大棚栽培更明显。

　　缺镁防治方法：土壤诊断若缺镁，在栽培前要施用足够的含镁肥料；避免一次施用过量的、阻碍对镁吸收的钾、氮等肥料。缺镁主要发生在中后期。豇豆生长中发现缺镁，及时叶面喷施1%～2%硫酸镁水溶液进行防治。

## 85. 豇豆缺铜怎么办？

　　铜对促进植物呼吸和光合作用非常重要，豇豆缺铜幼叶叶尖失绿，出现白色叶斑，新生叶变小呈蓝绿色，节间短，植株矮小，籽粒不饱满；缺铜还会明显影响豇豆的生殖生长，繁殖器官发育受阻，裂果或不能结果，影响产量和质量，轻则减产10%～20%，重则减产一半以上。

　　豇豆缺铜发生的原因：土壤中缺铜或土壤的pH过大。在碱性土壤中，铜易发生沉淀或吸附能力强，不易溶解使其有效性降低。

　　缺铜防治方法：豇豆发生缺铜症状时可使用硫酸铜700倍溶液进行叶面喷雾。

## 86. 豇豆缺铁怎么办？

　　豇豆缺铁时首先在植株幼叶上表现出来，幼叶叶脉间出现失绿呈网纹状。缺铁严重时幼叶全部变为黄白色甚至干枯，而老叶仍为绿色。

　　豇豆缺铁发生的原因：碱性土壤、磷肥施用过量或铜、锰在土壤中过量易缺铁；土壤过干、过湿、温度低，影响根的活力，易发生缺铁。

　　缺铁防治措施：尽量少施用碱性肥料，防止土壤呈碱性，土壤pH应在6～6.5；注意土壤水分管理，防止土壤过干、过湿。发现缺铁症状时，用0.1%～0.5%硫酸亚铁水溶液喷洒叶面。

## 87. 豇豆缺锌怎么办？

　　豇豆缺锌时生理代谢缓慢，光合作用减弱，叶片失绿。节间变短，植株矮小，生长受抑制，茎顶簇生小叶，株形丛状，叶片向外侧稍微卷曲，不开花结荚，产量降低。从中部叶片开始褪色，与健康叶片比较，叶脉清晰可见；随着叶脉间逐渐褪色，叶缘从黄化到变成褐色。

　　豇豆缺锌发生的原因：光照过强易发生缺锌；若吸收磷过多，植株即使吸收了锌，也表现缺锌症状；土壤pH高，即使土壤中有足够的锌，但其不溶解，也不能被作物所吸收利用。

缺锌防治方法：不要过量施用磷肥。缺锌时可用0.1%～0.2%硫酸锌水溶液喷洒叶面。

## 88. 豇豆缺硼怎么办？

豇豆缺硼时首先表现在枝、叶、花和果实上。前期表现为新抽出的枝条和顶梢停止生长，幼叶畸形并皱缩，叶脉间出现不规则的褪绿斑。植株下部老叶变厚，叶和茎变脆。严重缺硼时，地下根尖坏死，地上部分生长点坏死，植株矮小，开花结果受到抑制，落花落果严重或花而不实，结果稀少，豇豆有坏死斑点。

豇豆缺硼发生的原因：土壤干燥影响对硼的吸收，易发生缺硼；土壤有机肥施用量少，在土壤pH高的田块也易发生缺硼；施用过多钾肥，影响对硼的吸收，易发生缺硼。

缺硼防治方法：施用硼肥，要适时浇水，防止土壤干燥；在缺硼的土壤上施基肥时，每667m² 施用硼砂1.0 kg与农家肥或有机肥配施，沟施或穴施。发现缺硼症状时，用0.5%的硼砂或含硼的肥喷洒叶面进行防治。

## 89. 豇豆缺钼怎么办？

一般老叶先出现症状，新叶症状不明显。叶色发淡，并出现许多细小的灰褐色斑点，叶片变厚变皱，因内部组织失水而呈萎蔫状态，叶片边缘向上卷曲，呈杯状；缺钼严重时，上位叶色浅，主、枝脉色更浅。支脉间出现连片的黄斑，叶尖易失绿，后黄斑颜色加深至浅棕色；植株生长势差，常造成植株开花不结荚。豇豆缺钼根瘤生长发育不正常，影响固氮效率。

豇豆缺钼发生的原因：酸性土壤易缺钼；含硫肥料（如过磷酸钙）的过量施用会导致缺钼；土壤中的活性铁、锰含量高，也会与钼产生拮抗，导致土壤缺钼。

缺钼防治方法：改良土壤防止土壤酸化。出现缺钼症状时，叶面喷施0.05%～0.1%的钼酸铵水溶液进行防治，分别在苗期与开花期各喷1～2次。

## 90. 如何预防寒害？

**(1) 配备适当抗寒措施**

目前普遍采用设施大棚或防虫网等设施进行栽培，另外通过覆盖地膜的栽培方式，可获得良好的保温抗寒效果，大大降低冬种豇豆遭受寒害的风险。也可适当在垄上铺上稻草。

**（2）喷施抗寒诱导剂**

研究表明：烯效唑、芸苔素内酯、胺鲜酯、氨基寡糖素、复硝酚钠等植物诱抗剂或植物生长调节剂等能保护豇豆抵御一定程度的低温伤害，喷施后均能增加作物茎粗、干物质含量、抗寒指数。

**（3）降低土壤湿度**

田间管理上及时清理工作沟和环田沟，降低地下水位，增强耕层通透性，降低土壤湿度能有效缓解夜间低温。

**（4）及时补肥**

待气温回暖后，施肥促生长，有设施的园地，采取以水带肥的方法加强肥水管理，每 $667m^2$ 每次施复合肥 5～10 kg、氯化钾 5～10 kg、尿素 3～6 kg，另加沼气渣 400～500 kg 或腐殖酸 1～2 kg，每 8～10 d 施 1 次。同时，可采取叶面喷施氨基寡糖素、磷酸二氢钾或复硝酚钠，每隔 7 d 喷 1 次，连喷 1～3 次，既能改善植株根系生态环境，又能增强植株抗性。

# 第五章 豇豆绿色防控技术措施

## 91. 豇豆减药控残绿色防控技术方针有哪些？

豇豆减药控残绿色防控技术围绕减少化学农药用量和使用频次，采取"测、防、替、统、管"五字方针，科学防控豇豆病虫害，降低农药残留，提高质量安全水平。

①"测"。即加强病虫发生、抗药性及农药质量监测检测。掌握豇豆病虫发生规律和抗药性变化动态，避免盲目选药用药，指导生产者在关键时期选用对症药剂，淘汰低效、老旧和残留风险高的化学农药，重点推广使用生物农药和高效低毒低风险化学农药。

②"防"。即重在预防、抓早治小、压低基数。强化生态控制、田园清洁、健康栽培等预防措施，建立良好的豇豆田间生态系统。注重田内田外防控结合，突出前期预防、源头控制、压低基数，减轻采收期用药压力。

③"替"。即生物农药替代化学农药、非药剂措施替代药剂措施。大力推广绿僵菌、苏云金杆菌、植物源农药、天敌昆虫等生物防治技术。集成应用防虫网、诱虫板、杀虫灯、性诱剂等理化诱控技术，强化农药科学安全使用，减少对化学农药的依赖。

④"统"。即统一组织生产、统一病虫害防治。通过优化豇豆种植布局，引导豇豆区域化、规模化、合作化种植。转变病虫害防治方式，大力推行专业化统防统治替代分散防治，实施统一开方、统一供药、统一作业，促进绿色防控与统防统治融合发展。

⑤"管"。即加强农药经营环节监管、加强田间用药管理。加强农药经营门店管理，全面推行豇豆产区农药实名购买、溯源追溯，严查销售和使用禁限用农药行为。严格落实田间农药使用品种、时间、用量档案记录，建立产地农药安全使用指导员制度，加强采收期用药巡查，督促生产者严格遵守农药安全使用间隔期。

## 92. 农业防治调控措施包括哪些？

农业防治包括使用以下方法或措施来调控病虫害：清洁田园和翻耕晒垡、合理轮作、选择抗病品种、土壤消毒、培育壮苗、生物多样性调控、水湿调控和光温调控等措施，以减少病虫害的发生。

## 93. 如何做好清洁田园和翻耕晒垡？

彻底清洁田园，不留任何植株残体及杂草，减少病虫初次浸染源，防止病残体上的病菌再次传播危害，减轻病虫害的发生和蔓延。深翻土地 30 cm，晾地 5～7 d 后再播种，使害虫因为缺少食物而转移或死亡。种植过程中要注意及时拔除病株，并带至田外集中无害化处理。

## 94. 如何调控光照来促进豇豆生长？

①适时拉帘。冬季日照时间短、光照强度弱。为了充分利用太阳光，温室揭帘通常要力争早些。揭帘后温度在短时间自然下降 2℃左右，之后开始回升。如果揭帘后温度直线上升，说明揭帘晚了，有浪费光照时间的现象；如果揭帘后温度下降的幅度大，说明揭帘早了。一般早上太阳光照到全棚后就应及时拉帘。若遇外界温度过低时，可适当推迟拉帘时间，以免棚面结冰。阴雪天只要温度不是很低，也要适时揭帘子，以利用散射光，增加光照。

②及时清洁棚面或网。豇豆是喜光植物，冬春季节，透入到温室内的阳光越多，温度越高，光合作用越旺盛，对豇豆越有利。光照不足，温度低，湿度则大，容易发生徒长和高湿型病害。温室棚膜在使用过程中，会因静电、薄膜渗出物和风的作用等吸附尘埃，从而对光线起到遮挡、吸收和反射的作用，也影响透光率。对于防虫网大棚也是一样，网上会长青苔，沾上灰尘，影响透光和透气性。因此，最好经常用清扫工具进行清洁，仔细擦去膜面上的灰尘、碎草等杂物，保持棚内较高的透光率，以利作物光合作用和排湿。

③人工辅助增加光照。在冬季或阴雨天，可用日光灯照明，每天光照时间应根据豇豆品种及天气状况而定，有条件的用荧光灯效果更好。

## 95. 豇豆大棚生产如何做好温度调控？

每天早上到棚后，首先进棚查看室内温度，若低于 12℃，就应注意蓄温、保温、增温措施的配套落实，以提高夜温、控制温室夜间结露的时间和程度。

①蓄温。蓄温是提高夜温的基础措施。应根据天气状况，下午适时覆盖风口蓄温。尤其是强降温前，一定要早收风口，尽量将棚内温度蓄高些。

②保温。保温是提高夜温的关键措施。其目的是减少日光温室内的热量支出，使蓄下的温度尽量得以保存或降低热量散失。应配套落实棚前围立帘、适时覆盖帘子并覆盖单层或双层旧棚膜、覆盖保温被，减少通风换气量，棚门张挂厚门帘等保温措施，尽量减少棚内热量散失。

③增温。遇到强降温或降雪连阴天气时，日光温室内夜间的最低温度常会低于豇豆生长发育所要求的下限温度而发生"热亏"，导致豇豆发生低温冷害，甚至冻害。

通过蓄温、保温措施，棚内夜间温度仍偏低、出现"热亏"时，就应落实架设碘钨灯、电热器、生火炉（必须注意排烟）或燃烧增温块等增温措施，尽力提高夜间温度。

④降温。当气温回升，温度过高时或夏天天热时可通过通风换气、遮阳网、安装循环冷水管、喷雾等方式进行降温。

## 96. 为什么要种诱虫作物来减轻虫害？

研究表明，几乎所有的害虫都会对某种植物或作物品种、变种或作物的某一生长期表现出明显的偏好。在作物田间种植小面积的、能够强烈吸引目标害虫的诱虫作物，阻止害虫到达主栽作物，或使害虫集中到田间特定部位以方便消灭，从而使主栽作物得到保护，这是一种传统的、重要的农业生态防治技术。利用诱虫作物防治害虫是一种环境友好的生物防治方法，减少大田中杀虫剂的使用，创造多样化的作物生态系统，有利于增强害虫寄生性天敌和捕食性天敌的控害潜能。因此，在豇豆周边种植诱虫作物，不仅可减少对作物的危害，还可以集中对有害生物进行综合处理。此外，诱虫作物还可以作为某些害虫监测的有力工具。

## 97. 影响诱虫作物效果的主要因素有哪些？

影响诱虫作物效果的主要因素有三个：一是诱虫作物的品种。在利用诱虫作物时，要针对豇豆及其主要害虫的生物学习性选择适当的植物种类作为诱虫作物。诱虫作物可以是与豇豆同种的早熟或晚熟品种，或是完全不同品种或种的植物，但必须在豇豆生长的关键时期或整个生长期对害虫比豇豆具有更强的吸引力。二是诱虫作物的种植比例和布局。诱虫作物一般是按一定的比例，在一定的时期种植在豇豆田地中，如果比例太大，将会影响豇豆的产量，种植者不易接受；反之，如果比例太小，对害虫的引诱力就会降低，起不到应有的诱虫效果。一般根据生产实践经验或田间试验结果确定适当的比例，大多数诱虫作物占主栽作物种植面积的1%～10%。现已报道应用成功的例子多数是把诱虫作物种植在主栽作物田四周。三是诱虫作物的播期。诱虫作物的播期适当才能使之在主栽作物的关键时期或整个生长期保持比主栽作物对害虫有更强的引诱力。

## 98. 如何利用生物多样性调控病虫害？

农田生物多样性是以自然生物多样性为基础，以人类的生存和发展为动力而形成的人与自然相互作用的生物多样性系统，主要指农田生态系统中的农作物、杂草、动物、微生物等生物多样性。它们之间有不同的功能，而且不同的措施影响着农田生态系统的组成与功能。合理的作物品种搭配，可以避免农田系统中植被单一、群落结构简单，能够有效地调节昆虫的行为，提高土地利用率，增加经济效益。此外，保护非作物生境，如保留田埂、水沟等地具有较高耐受性的特殊杂草和开花植物等，为天敌提供必要的场所。目前，在世界农业生产中，利用增加作物或昆虫的多样性来减少危害是提高产量的有效措施。可在豇豆地块周围种植一定数量的蜜源植物如十字花科蔬菜等，涵养和保护自然天敌。

## 99. 如何巧施生物制剂来防控病虫害？

防治蓟马：可在播种前，每 667m² 使用金龟子绿僵菌颗粒剂 5～10 kg 兑细土均匀撒施后打湿畦面并覆膜；苗期开始，根据虫情连续使用金龟子绿僵菌与化学农药复配进行防治。

防控土传病害：在播种前，选用木霉菌、芽孢杆菌等生物菌剂进行土壤处理；发病初期，选用枯草芽孢杆菌、多粘类芽孢杆菌等生物菌剂和多抗霉素等抗生素农药进行复配灌根、喷雾。

在高温、干旱、寒冷等恶劣天气变化后可使用枯草芽孢杆菌和鱼蛋白等生根剂进行灌根，宜在天气晴朗、地面较为干燥、气温不低于 15 ℃或不高于 32 ℃时灌根。可养护根系并加强豇豆抵抗力。

### 100 如何巧用诱虫板进行虫害监测和诱杀？

从苗期开始使用，至收获期保持不间断使用诱虫板可有效控制害虫发生数量。初期监测时，每 667m² 悬挂黄色和蓝色诱虫板各 5 张，进行害虫监测。期间根据监测到的害虫主要发生种类来调整诱虫板使用的种类。如蓟马发生为主，则重点悬挂蓝色诱虫板；如蚜虫、潜叶蝇、粉虱发生较多，重点悬挂黄色诱虫板；如多种昆虫同时发生危害，可结合黄、蓝板同时使用。虫口基数增大时，每 667m² 悬挂 30~40 张诱虫板。悬挂方向为板面向东西方向为宜，顺行垂直挂在两行中间，苗期悬挂诱虫板以高出豇豆顶部 15~20 cm 为宜。

在非天敌释放的地块，悬挂黄色诱虫板诱杀斑潜蝇、粉虱、蚜虫等成虫，悬挂蓝色诱虫板或蓝色诱虫板＋蓟马信息素诱杀蓟马，每 667m² 悬挂 20~30 张。根据豇豆生长期调整诱虫板的高度，苗期高出植株顶部 15~20 cm，生长中后期悬挂在植株中上部。

### 101 如何巧用杀虫灯诱杀成虫？

根据多数昆虫具有趋光的特点，利用昆虫敏感的特定光谱范围的诱虫光源开展连片灯光诱杀（彩图 32），主要诱杀鳞翅目、鞘翅目等害虫的成虫，减少雌虫有效产卵量从而降低虫口基数。在连片种植的露地豇豆田地，宜架设杀虫灯诱杀斜纹夜蛾、甜菜夜蛾等鳞翅目害虫和蝼蛄等地下害虫，成虫发生期开灯诱杀，根据害虫夜间趋光习性，每天黄昏时开灯，次日清晨关灯。

### 102 使用昆虫性信息素诱杀要注意什么？

昆虫诱捕器诱杀害虫的技术原理是通过人工合成雌蛾在性成熟后释放出一些称为性信息素的化学成分，吸引田间同种类寻求交配的雄蛾，将其诱杀在诱捕器中，使雌虫失去交配的机会，不能有效地繁殖后代，以降低后代种群数量而达到防治该类害虫的目的（彩图 33）。

诱捕器选择性高，每种昆虫需要独特的配方和浓度，具有高度的专一性，对其他昆虫没有引诱作用；无抗药性问题；对环境安全，无污染，与其他防治技术 100% 兼容。根据田间虫害发生情况设置专用诱捕器及诱芯。一般每 667m² 设置斜纹夜蛾专用诱捕器 1 个，每个诱捕器内放置斜纹夜蛾诱芯 1 粒；每 667~1 334m² 设置甜菜夜蛾专用诱捕器 1 个，每个诱捕器内放置诱芯 1 粒。诱捕器使用策略：在害虫发生早期，虫口密度比较低时开始使用。根据豇豆生长期调整诱捕器进虫口的高度，苗期高出植株顶部 15～20 cm，生长中后期高出地面 1～1.5 m。处理面积应大于害虫的移动范围，以减少成熟雌虫再侵入而降低防治效果。生产上多与其他防治措施集成应用，发挥综合防治效果。

## 103. 什么是生物农药？

生物农药是利用天然生物资源如植物、动物、微生物或其代谢产物，针对农业有害生物进行杀灭或抑制的制剂。生物农药又称天然农药，系指非化学合成，来自天然的化学物质或生命体，具有杀菌和杀虫作用的农药。目前，我国生物农药类型包括微生物农药、农用抗生素、植物源农药、生物化学农药和天敌昆虫农药、植物生长调节剂类 6 大类型农药，已有多个生物农药产品获得在豇豆上登记，其中包括苏云金杆菌、阿维菌素、多杀霉素、苦皮藤素、除虫菊素、金龟子绿僵菌、苦参碱、蛇床子素、甜菜夜蛾核型多角体病毒等。

生物农药相对传统化学农药有以下优点：一是安全低毒、低残留。生物农药通常能迅速分解，避免由传统化学农药带来的环境污染问题。二是不易产生抗药性，因此在采收期病虫害防控中应优先考虑生物农药的使用。

## 104. 释放天敌有哪些技巧？

在害虫尚未发生或发生初期，可通过棚内人工释放纽氏新小绥螨（彩图 34）、巴氏新小绥螨（彩图 35）等天敌预防或防治蓟马和红蜘蛛；释放蚜茧蜂、姬小蜂、赤眼蜂等寄生蜂预防或防治蚜虫、斑潜蝇等害虫；释放七星瓢虫、异色瓢虫预防或防治蚜虫、介壳虫和粉虱等害虫。如害虫虫口基数较大，应在释放天敌前 7～10 d 施用低毒农药降低虫口基数，再进行天敌释放。天敌释放后，禁止施用化学农药或至少两周内不施用农药。根据田间实际情况至少连续释放 2～3 次天敌，天敌种群建立后，可起到对害虫可持续控制的效果。另外，田间瓢虫、蜘蛛、草蛉多的时候注意保护，充分利用这些天敌去防控害虫，减少施药。

## 105. 什么是免疫诱导预防病虫害？

免疫诱导是植物预防病虫害的重要手段，免疫诱导包括土壤免疫诱导和植物抗性诱导。土壤免疫是指在长期感染土传病害过程中，土壤对病原菌产生了识别和记忆，特异性地聚集了一系列具有抑病特征的土壤微生物组成生物屏障，在病原菌再次侵染植物时，土壤表现出的对病原菌的抑制作用，从而阻碍植物病害大暴发的能力。通过以下几种方式诱导土壤免疫力实现对植物病害的防控：一是强调土壤微生态调控。适当增施有益微生物，强化土壤免疫力。二是重视土壤酸化治理和土壤修复。根据土壤酸碱度情况采用牡蛎粉或草木灰等对土壤pH进行提升，减少施用化肥、多施有机肥，尽量减少土壤有毒物质和连作障碍因子的积累，为微生物和植物生长提供适宜环境。三是坚持植物材料如秸秆、稻草等有机物料还田、增施有机肥，保障土壤有益微生物的活力，巩固土壤免疫力。

植物抗性是指植物在长期的进化过程中获得的适应逆境或抵抗病原侵染的能力。植物抗性普遍存在，受植物自身和环境因子的双重调控。因此，结合病虫害预测预报，在病害易发区和高发区的病害发生前或发生初期，通过植物免疫诱抗剂处理刺激植物启动或增强系统抗性，以抵御和减轻病虫害的危害程度。植物免疫诱抗剂可大致分为两类：第一类是植物免疫诱抗因子，包括蛋白类和寡糖类，如寡链蛋白和氨基寡糖素，生物代谢物或有机活性小分子等；另一类是植物免疫诱导菌。目前，木霉菌是已报道的较多的免疫诱导菌，其免疫诱导机理和田间病害防控效果也被广泛研究和报道。通过对植物内生菌的研究，很多学者也分离了许多具有良好生防潜力的生防菌，对其在植物免疫诱导方面也进一步取得成果。

##  什么是闷棚消毒法土壤处理？

闷棚消毒是种植户最常用的土壤消毒方法，投入最省，简便易行，方法灵活，但需要将棚室在7、8月高温期间闲置一段时间。主要有干闷法和湿闷法两种。

干闷法的具体方法：地表清理→双倍杀虫杀菌剂喷地→覆膜干闷15 d左右→掀膜通风2～3 d→种植蔬菜。干闷法用于地表土壤消毒，不会对土壤深层有益菌产生较大影响，适用于种植年限不长、病虫草害不太严重的棚室。

湿闷法的具体方法：施农家肥和复合肥→翻耕土壤、作畦→盖膜→膜下灌水→闭棚15 d以上（地表温度达60～70℃，10 cm地温50℃以上）→揭膜通风2～3 d→ 种植。湿闷法操作麻烦，但可以杀死土壤深层的病菌、虫卵等，适用于种植年限较长、病虫草害严重的棚室。湿闷法会杀死土壤中的有益菌，在闷棚结束后尽早施用生物菌肥，抑制有害菌的生长。

##  如何用石灰氮消毒法进行土壤处理？

近年来，由于土壤养分消耗过度、肥料施用不合理、有机质补充不及时等原因，土壤板结、酸化的问题较为严重。石灰氮遇水分解产生氰胺和双氰胺等氢氮化物，同时产生高温，达到抑制或杀灭病菌、害虫、线虫和草种的作用，同时可起到调节土壤酸碱，补充氮、钙肥的作用。

消毒方法：施用有机肥后，每 667m$^2$ 均匀撒施石灰氮 30～50 kg，翻耕土壤后作畦、盖膜及膜下灌水，闭棚 15 d 以上，使得地表温度达 60 ℃以上，10 cm 以内耕作层地温达 50℃以上，揭膜通风 5 d 以上，施用微生物菌剂后定植蔬菜。石灰氮不宜在碱性土壤上施用。由于石灰氮分解产生的氰胺对人体有害，使用时应特别注意安全防护和通风。

## 108. 如何用药剂消毒法进行土壤处理？

药剂消毒就是在整地、播种时将药剂通过喷淋、浇灌、毒土等方法施入土壤中，防止种子带病和土传病虫害蔓延。优点是使用方便、用时短、不受时间限制，缺点是会杀死一部分有益菌，长期使用会造成土壤有益菌不足，不利于有机质转化。

喷淋或浇灌法是将药剂用清水稀释成一定浓度，用喷雾器喷淋于土壤中，或直接浇灌到土壤中，杀死土中病菌。喷淋法适用于育苗营养土处理。浇灌法施药适用于蔬菜的灌溉和苗床消毒。常用消毒剂有多菌灵、甲基硫菌灵、福尔马林、波尔多液、代森铵等，防治苗期病害，效果显著。

毒土法是先将药剂（乳油、可湿性粉剂）与具有一定湿度的细土按比例混匀配成毒土，在育苗或定植前进行沟施、穴施或撒施。常用消毒剂有多菌灵等药剂。

## 109. 如何巧用生物菌肥进行土壤处理？

生物菌肥是通过在土壤中添加有益菌来抑制、杀死有害菌，是目前最好的土壤消毒方法。生物菌肥不同种类有不同的效果，例如枯草芽孢杆菌可以增加作物抗逆性、固氮能力；地衣芽孢杆菌可以抗病、杀灭有害菌；苏云金芽孢杆菌可以杀虫（包括根结线虫），对鳞翅目等节肢动物有特异性的毒杀活性，因此选择菌肥一定要看清楚成分，做到对症下药。生物菌肥中的肥只是菌的载体，是为了便于菌种的增殖，在施用时要按照要求大量施用生物菌肥，在减量施用生物菌肥时要添加有机质或施用到含有机质多的土壤中。如育苗时菌肥直接与育苗基质混合再小水浇洒即可，在定植穴或沟内施用时先将菌肥与腐熟的麦麸、碎磨稻糠、豆粕等有机质及晒干的泥土制成药土，施入穴沟后及时覆土。施用菌肥注意事项，一是避免开袋后长期不用；二是避免在高温干旱条件下使用；三是避免与未腐熟的农家肥混用；四是避免与杀菌药同时使用；五是避免在阳光直射下使用；六是菌肥用量要足；七是避免与化肥接触。

科学用药有哪些注意事项？

**（1）施用低毒农药**

随着化工业的发展，农药的种类也越来越多，防治一种病虫害有多种农药，但必须要选择低毒、低残留的农药品种，生物农药就是比较好的选择。

**（2）掌握浓度和用量**

根据农药标签使用合理的农药剂量，一是避免浓度过高产生抗药性，从而降低农药使用寿命；二是使用农药防治豇豆病、虫、草害并不是用量越多越好，用药量过多不但造成药剂浪费增加经济支出，而且易使豇豆发生药害减产降质甚至绝产，还影响消费者的身体健康；三是用量过少达不到防治效果，也会造成减产。特别在使用化学农药防治病、虫、草害时，要严格遵守安全使用浓度和剂量要求。使用农药时，一般每 $667m^2$ 用水量为 $40\sim70$ kg，视豇豆生长周期来定。

**（3）轮换使用不同作用机理的农药**

豇豆生长周期长，各种病虫害繁殖快，在防治病虫害时不能长期使用一种农药，选择不同作用机理的农药进行轮换使用，防止产生抗药性，也增加农药的使用效果。

**（4）掌握喷施农药的时间**

喷施农药的时间很关键，首先，在病虫害刚发生的时候要及时喷药，防止错过最佳喷药时间。其次，是注意豇豆的不同生育时期，不同生育时期用药的浓度和数量是不同的。再次，任何一种化学农药都有其一定的持效期，超过持效期农药就会失其防治效果。最后，使用农药防治豇豆病虫害应注意连续用药彻底杀灭病虫害。一般情况下应间隔 $4\sim7$ d 左右喷施 1 次，连续喷施 $2\sim3$ 次。

**（5）适时用药**

治虫，应该掌握在卵孵化期或幼虫 3 龄前用药；灭菌，应该掌握在病害发生初期或点片发生阶段用药。适时用药，病虫的抗药性低且防治效果好。

**（6）做好病害预防**

一是种植前做好土壤处理，或出苗后及时喷施 1 次铜制剂预防真菌、细菌等各类病害发生。二是预防阴雨天的病害。及时收听收看天气预报，在连阴雨天气来临前进行杀菌处理，可以结合叶面补肥一起进行。连续阴雨天气，植株有机营养供应不足，一方面会出现缺素症状，另一方面秧苗会出现旺长，导致植株的抗病性下降。此时，既要补充营养，还要进行杀菌，预防病害的发生。

营养以有机营养为主，比如糖液、沼液、腐殖酸、甲壳素等，千万不要施用化肥。药剂可以选用有机铜、吡唑醚菌酯等。

**（7）采收期严格遵守农药安全间隔期后方能采摘**

农药安全间隔期是指最后一次施药到作物采收时的天数，即收获前禁止使用农药的天数。为保证豇豆残留不超标，在安全间隔期内不能采收，以防止豇豆上的残留农药危害消费者的身体健康。

 农药混配要注意什么问题？

在施药之前，要了解各种农药的杀虫特点和防病对象，选用农药进行科学合理的混配使用，才能达到良好的防治效果和病虫害防治的目的。同时，要对使用的农药进行二次稀释后再混配到一起使用，这样防治效果好，且不易产生药害。

**（1）农药混用次序**

①混配顺序要准确。叶面肥与农药等混配的顺序通常为：微肥、水溶肥、可湿性粉剂、水分散粒剂、悬浮剂、微乳剂、水乳剂、水、乳油依次加入，原则上农药混配不要超过三种，每加入一种即充分搅拌混匀，然后再加入下一种。

②先加水后加药。进行农药二次稀释混配时，建议先在喷雾器中加入大半桶水，加入第一种农药后混匀。然后，将剩下的农药用一个有刻度的塑料瓶先进行稀释，依次将农药加入塑料瓶中稀释好后倒入喷雾器中混匀。

③现配现用、不宜久放。虽然在刚配时没有发生反应，但不代表可以随意久置，否则容易产生缓慢反应，使药效逐步降低，因此农药要现配现用，不能久留。

**（2）农药混用技巧**

①不同毒杀机制的农药混用。作用机制不同的农药混用，可以提高防治效果，延缓病虫产生抗药性。杀虫剂有触杀、胃毒、熏蒸、内吸等作用方式，杀菌剂有保护、治疗、内吸等作用方式，将这些具有不同防治作用的药剂混用，可以互相补充，能产生更好地防治效果。

②作用于不同虫态的杀虫剂混用。将作用于不同虫态的杀虫剂混用可以杀灭田间的各种虫态的害虫，杀虫彻底，从而提高防治效果。

③具有不同时效的农药混用。农药有的种类速效性防治效果好，但持效期短；有的速效性防治虽差，但作用时间长。这样的农药混用，不但施药后防效好，而且还可起到长期防治的作用。

④与增效剂混用。增效剂对病虫虽无直接毒杀作用，但与农药混用却能提高防治效果。

⑤防治不同病虫害农药混用。几种病虫害同时发生时，采用该种方法，可以减少喷药的次数，减少工作时间，从而提高功效。

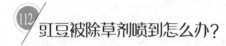

## 112 豇豆被除草剂喷到怎么办？

种植豇豆时如果在喷洒除草剂时操作不当，将除草剂喷洒在植株叶片上，就会导致豇豆产生药害。轻则叶片干枯，重则导致植株死亡，那么发生药害该如何减轻危害呢？

①清水清洗。喷洒除草剂后发生药害，在喷后一周内要经常用水喷洒豇豆的茎叶，尽量将残留在豇豆茎叶上的药剂残留稀释或清洗掉，以减轻药害。

②及时追肥。发生药害后，应及时追肥，能缓解药害。追肥一般以碳酸氢铵或者尿素为主，也可适当搭配一些磷钾肥，但追肥的数量也要注意，要根据药害的程度和豆角的生长状况进行，以免追肥过多，影响豆角的正常生长，同样会导致减产。

③浇足水。在追肥后要及时浇水，这样能加快肥料尽快挥发和被植株吸收，降低豇豆体内的有害物质浓度，降低药害。

④叶面喷肥。发生药害后可通过对豇豆喷施植物生长调节剂和叶面肥，能有效减轻药害的影响。可用芸苔素 7 500 倍液搭配叶面肥混合喷施。一般根据药害的程度，每隔十天半月喷洒一次，可连续 2～3 次，即可减轻药害。

## 113 我国热区豇豆病虫害发生有什么特点？

热区豇豆病虫害种类很多，害虫主要有蓟马、潜叶蝇、豇豆荚螟、甜菜夜蛾、斜纹夜蛾、叶螨、露尾甲、大豆卷叶螟、地老虎、粉虱等；病害主要有根腐病、枯萎病、锈病、叶霉病、白粉病、炭疽病、细菌性疫病、轮纹病、灰斑病等。其发生具有以下特点：

①小型害虫威胁大。热区全年气温较高，适合害虫的生长发育。以豇豆主要害虫豆大蓟马和潜叶蝇为例，豆大蓟马在热区每年可发生 24～26 代，潜叶蝇在热区每年可发生 15～20 代，世代重叠严重，害虫种群可在短时间内快速上升，暴发危害频率高，给防治工作带来很大的压力。豆大蓟马雌性成虫和雄性成虫平均体宽分别仅有 0.69 mm 和 0.48 mm，喜欢藏匿在嫩芽、嫩梢和花中危害，以成虫或若虫的锉吸式口器吸食豇豆幼嫩组织和器官汁液，导致叶片皱缩、变小、卷曲，大量落花落荚，荚果畸形或出现粗糙痕迹。盛花期是蓟马危害高峰期，豇豆花为蝶状闭合型，凌晨开花至早上 10 时闭合，豆大蓟马藏匿在闭合的花中，难以防治。潜叶蝇主要以幼虫潜入叶中危害，形成弯曲、白

色的虫道，减少叶片光合作用，降低产量，在整个豇豆生长期均可严重发生。幼虫初孵半透明，随虫体长大渐变为黄色至橙黄色，老熟幼虫体长 2 mm 左右。这些害虫均体型小、善藏匿，非常隐蔽，常规喷雾难以沾到药液，给防治带来难度。

②土传病害发生普遍。热区豇豆由于连年种植，有机质流失严重和土壤中微生物种群大量减少，造成根腐病、枯萎病等土传病害普遍发生，很多地块病情发生严重，从苗期开始死棵不断，甚至出现无地可种的局面。在海南、广西、广东等热区豇豆主产区，豇豆枯萎病一般发病株率为 10％～30％，有的地块甚至超 85％。

## 114 如何做好豇豆种植区的生态调控？

建议在豇豆行间种植波斯菊，在周围种植蛇床草，之后释放瓢虫、小花蝽、寄生蜂等蓟马和潜叶蝇的天敌。蛇床草和波斯菊不仅能有效地涵养天敌昆虫，而且两者之间形成了一个天敌昆虫的"转移通道"，这意味着天敌昆虫可以在蛇床草、波斯菊和豇豆之间自由转移。这种转移不仅能够为天敌昆虫提供持续的食物来源，确保其生长和繁殖，而且也能够减少害虫对单一植物的侵害压力。更重要的是，随着时间的推移，天敌会从这些栖境植物转移到豇豆上，主动捕食蓟马和斑潜蝇，从而为豇豆提供了一道天然的防护屏障。

除了波斯菊和蛇床草的应用，可在防虫网周边种植大蒜作为第一道生物防线，以其气味阻断害虫，防止害虫通过防虫网的空隙挤进去，从而增强系统的整体防护效果。通过这种多层次的生态调控策略，可以构建一个更为稳定和高效的豇豆病虫害综合管理体系。

此外，蛇床草、波斯菊和大蒜除了其生态价值外，还具有一定的经济价值。蛇床草的叶和种子在医药和香料产业中有广泛应用，波斯菊是一种常见的观赏植物，而大蒜则是一种重要的调味料，这为农户提供了额外的收益来源，从而提高了生态调控策略的可行性和接受度。

## 115 统防统治替代一家一户分散防治有什么好处？

豇豆种植面积小、不集中，组织化程度低，各自防治时间不统一，防治效果差，这家打药虫子就往不打药的那家飞；因防治效果不理想，导致打药频率提高，药量增加等，防治成本越来越高。实行统防统治替代一家一户分散防治能同时喷药，统一防治，不给害虫隐藏空间和时间，可有效控制豇豆的主要害虫和重大病虫害的蔓延扩展，提高病虫害防治效果并促进农药减量控害。比农民自防田用药量大大减少，有效减轻了农业面源污染，改善和保护农田环境及整体生态环境。

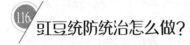

## 116. 豇豆统防统治怎么做？

一般以自然村落或每个田洋为统计单元，豇豆连片种植面积超过 3.33 hm² 以上，宜采用专业化统防统治。防治前根据病虫害发生情况，科学制定专业化统防统治方案。一般政府或村小组牵头，与防治农户签订统防统治协议，由政府统一采购服务，并由政府或使用者根据面积、防治次数进行付费。建立统防统治服务档案，如实记录农药使用品种、用量、时间、区域等信息，统防统治方案和服务档案保存 2 年以上。

## 117. 为什么要用防虫网技术？

防虫网覆盖栽培蔬菜是一项增产实用的环保型农业新技术。通过覆盖防虫网在棚架上构建人工隔离屏障，将害虫拒之网外，切断害虫（成虫）繁殖途径，有效控制各类害虫，如菜青虫、菜螟、小菜蛾、蚜虫、跳甲、甜菜夜蛾、美洲斑潜蝇、斜纹夜蛾等的传播以及预防病毒病传播的危害，尤其对蓟马、粉虱等一些微小型害虫，藏匿隐蔽难以沾到药液且容易对药剂产生抗性，用药防治难度大，应用防虫网技术能取得很好地防控效果（彩图 36、彩图 37）。对于花果同期、连续采收的蔬菜如豇豆上的主要害虫蓟马、潜叶蝇的防效非常明显，大幅减少化学农药的使用次数和用量，显著延长施药间隔时间，有效解决豇豆采收期难以遵守安全间隔期的问题。防虫网具有透光、适度遮光、抗风防寒、保温保湿、防暴雨冲刷、防冰雹袭击等功能，能创造适宜蔬菜作物生长的有利条件，大幅度减少使用化学农药，保障蔬菜的质量安全。防虫网还广泛应用于蔬菜制繁原种，隔离花粉传入，马铃薯等根茎蔬菜组培脱毒后隔罩等作用，以及蔬菜育苗时可有效防虫、防病等，是物理防治蔬菜害虫的首选，能够让广大消费者吃上"放心菜"的应用技术，为我国"菜篮子工程"作出贡献。

## 118. 防虫网的目数怎么计算？

防虫网的目数是计算每 2.54 cm 长度的网丝上一行连续数出的网孔数目。防虫网目数分为经目和纬目，经目指经丝（纵向分布、排列的网丝）的目数、纬目指纬丝（横向分布、排列的网丝）的目数。

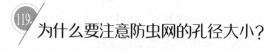

## 119. 为什么要注意防虫网的孔径大小？

害虫成虫容易随风迁徙至网上，防虫效果主要取决于孔径是否小于成虫体宽，从而有效阻隔成虫从网孔钻入网内产卵、繁殖。网孔的最长边为孔径，长方孔经目、纬目不同，防虫效果取决于最长边大小即经目、纬目的最小目数；正方孔经目、纬目相同，防虫效果取决于网孔任一边长的大小。孔径越小，阻隔害虫效果越好，但通风率越低、遮光率越高，容易导致徒长和病害发生。因此，并非孔径越小越好，而是在有效防控害虫的情况下，尽可能选择大一些的孔径。孔径计算公式：孔径（mm）＝25.4（mm）÷目数－丝径（mm），其中长方孔防虫网的经目、纬目不同，按最小目数进行计算。

## 120. 选防虫网防治害虫要注意哪些问题？

根据不同地区、用途、季节、气候和主要靶标害虫的大小和生物学特性，以及蔬菜作物对温湿度的适应性，选用适宜的防虫网，包括材料、颜色、丝径、孔径、目数等参数指标。

①材料。防虫网有聚乙烯、聚丙烯、尼龙、不锈钢等不同的材料，聚乙烯具有经久耐用、拉伸性能强、化学稳定性好、价格较为实惠等优点，因此蔬菜生产一般选用聚乙烯编织而成的防虫网。

②颜色。蔬菜生产宜选用白色防虫网，育苗或避蚜选用银灰色防虫网。白色防虫网比其他颜色防虫网的透光性要强一些，更适宜蔬菜作物的生长；而育苗需要弱一点的光线，银灰色防虫网比较适宜；银灰色对蚜虫有驱避作用。

③丝径。经市场调查，防虫网丝径一般为 0.10～0.18 mm，蔬菜上使用的常规防虫网丝径为 0.16 mm。同等条件下，丝径粗的防虫网不易变形、使用寿命长、抗风力强，但价格较高；丝径细的防虫网通风透光性好、价格低廉，但易变形、使用寿命短。根据不同地区气候特点和蔬菜作物因地制宜选用适宜的丝径。

④孔径。计算公式：孔径＝25.4（mm）÷Min（经目，纬目）－丝径。式中 Min（经目，纬目）：长方孔防虫网的经目、纬目不同，取最小目数；正方孔防虫网的经目、纬目相同，取任一目数。根据目数的定义和丝径占用的宽度得出的计算公式。

⑤目数。相同丝径的情况下，不同目数对应不同的孔径，选网的时候需要了解丝径尺寸和目数，计算出孔径，根据孔径和防治害虫的成虫体宽等因素选择适宜的防虫网。宜按害虫体宽和防治适宜孔径，选用对应丝径防虫网的适宜

目数。

决定防虫网防治害虫种类和效果最重要的指标是孔径的尺寸大小，而孔径与目数、丝径相对应，孔径尺寸大小由目数和径丝的粗细来决定。

因此，选择防虫网目数的时候要考虑与之匹配的孔径大小，市面上很多防虫网目数虚高，不宜直接按厂家自行标榜的目数进行使用。

##  121. 如何搭建简易全覆盖防虫网？

**（1）材料选择**

①防虫网。覆盖材料宜选用 40～60 目防虫网。防虫网质量可参照 NY/T 4449《蔬菜地防虫网应用技术规程》的规定。

②骨架材料。周围立柱选用 Φ42 mm×2 mm 热浸镀锌圆形钢管，或 40 mm×40 mm×25 mm 热浸镀锌方形钢管，或 Φ60～70 mm 竹竿或木棍；中间立柱选用 Φ32 mm×25 mm 热浸镀锌圆形钢管，或 30 mm×30 mm×25 mm 热浸镀锌方形钢管，或 Φ35 mm 以上的竹竿、木棍；斜拉杆选用 Φ42 mm×25 mm 热浸镀锌圆形钢管，或 40 mm×40 mm×25 mm 热浸镀锌方形钢管。要求采用的竹竿或木棍密度均匀、无裂纹、外皮光滑，入土端应作防腐处理。

③辅助材料。镀锌钢绞线或塑钢线、蘑菇头、紧线器、压膜带或压膜卡。

**（2）防虫网棚安装**

①骨架搭建。宜在播种前搭建防虫网棚。根据田间实际情况，可先备耕整地，再搭建防虫网棚，然后起垄、覆膜、播种。防虫网棚立柱直接插地 0.8 m，周边立柱间距 3～4 m，棚内立柱间距 6～8 m；防虫网棚四周及棚内的各立柱垂直高度应一致，不低于 2.8 m。四周边墙侧 1.2 m 处斜插 1.2 m 长的斜拉杆，深度 0.8 m，采用花篮螺栓固定 Φ4 mm 镀锌钢绞线做拉线。

②覆网。可采用整体覆盖或分体覆盖方式进行。整体覆盖是根据防虫网棚面积大小，预先做好网罩，顶部和四周用防虫网全覆盖，四周防虫网落地处用土压实。分体覆盖是顶部防虫网与四周防虫网分为两个独立部分。四周采用围网，落地处用土压实；顶部另扣网片，罩住四周围网，顶网四周再向下延伸 1 m 左右。

③棚网固定。防虫网棚四周立柱顶梁上每隔 50 cm 布置 1 条 Φ2 mm 热镀锌钢丝绳作为托幕线，同时顶网外再用 Φ2 mm 热镀锌钢丝绳或压膜线压网。

采用分体覆盖方式的，顶部防虫网边缘用帆布带加固后，每隔 1 m 用尼龙绳固定在四周立柱上，四周防虫网用卡簧固定在边立柱上的卡槽，下部入土。

④棚门。根据地块位置设置棚门，采用拉链门或卷帘门。卷帘门尺寸以 2.4 m×1.8 m 为宜，卷帘用防虫网制作，用材同棚体；推荐设置门厅作为缓冲间。

 ## 使用简易全覆盖防虫网技术应注意什么问题？

该技术适宜豆大蓟马、斑潜蝇、豇豆荚螟等害虫发生严重的华南地区以及其他具有相似生态环境和靶标病虫害的豇豆种植区。应注意以下几点事项：一是防虫网应在播种前完成覆盖，并进行土壤和网棚消毒。二是注意安装简易防虫网后，网内通风透光性较露天种植差，应适当加宽豇豆间距，较常规露地种植减少用种量10％～30％。三是注意排水，需提高垄高至 30 cm以上。四是注意病害发生，需密切关注网棚内温湿度变化，避免因温度过高、湿度过大导致棚内形成高温高湿小气候而诱发病害，注意加强监测和防治。五是在完成后覆网，设立网棚出入口需加附网门，防止害虫从出入口侵入，整个生育期保持网棚全封闭，人员进出网棚工作及时封闭网棚，全程阻隔蓟马、斑潜蝇、鳞翅目害虫、粉虱等害虫。此外，应用防虫网技术要结合其他绿色防控技术一起使用。要注意外防输入、内防反弹。在大棚覆网后、蔬菜种植前进行灭虫、灭菌处理，以防止棚内害虫滋生。因为种子、土壤、大棚等都可能带有害虫和虫卵、病菌，有的害虫在土中过冬，连续种植的棚内土传病害发生较为严重，因此，应用防虫网生产蔬菜非常有必要在种植前做好准备工作。种前土壤处理是确保防虫网覆盖栽培效果的关键环节，可以避免病虫害大量发生造成减产。

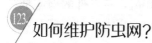 ## 如何维护防虫网？

对于棚架，生产期间应加强田间巡查，发现立柱倾倒、压膜线断裂等问题，应及时修理维护。

防虫网维护在生产期间按照 GB/T 19791《温室防虫网设计安装规范》的相关规定进行维护。在台风、暴雨等天气时及时巡查，必要时可将顶网拆卸。

豇豆拉秧后，及时卸下防虫网，清除灰尘、泥土、飞絮和虫卵等，晾干、叠收和避光保存。对破损、变形的防虫网要及时修补或更换。采用可拆卸防虫网棚的，及时拆卸立柱、钢绞线等材料。将骨架材料、覆盖材料、辅助材料进行归类整理，入库保存。同时，结合防虫网棚拆卸，及时回收架材、滴灌带等物资，清理秸秆、地膜等废弃物。

## 124. 如何巧用不同颜色的防虫网？

防虫网的颜色有白色、银灰色、蓝色、绿色、黑色、棕色等。覆盖不同颜色的防虫网对棚内小气候及蔬菜的生长变化有差异，颜色越深透光率越低，夏季晴天网内温度比露天高，阴雨天网内温度比露天低。白色防虫网是蔬菜生产中使用最多的颜色。育苗或避蚜为主宜用银灰色防虫网，在夏季，兼顾防虫、适度遮阴和降温，种植叶菜等作物可采用银灰色防虫网，银灰色防虫网对蚜虫有较强的驱避作用，以避蚜防治病毒病为主的蔬菜生产宜优先使用银灰色防虫网。蓝色对蓟马等害虫有诱集作用，主要靶标为蓟马的蔬菜不宜采用蓝色防虫网。黑色防虫网遮阴降温效果显著，不适宜冬春季或连续阴雨天使用，但可考虑在阳光辐射较强的地区使用。选用何种颜色的防虫网，应根据蔬菜种类、当地的气候环境、靶标害虫等因素综合决定。

## 125. 如何根据豇豆生长不同时期做好病虫害绿色防控？

**（1）播种期**

①土壤处理。播种或定植前，施用足够的有机肥或腐熟农家肥。结合整地、施肥进行土壤处理，蓟马发生较重地区，推行撒施白僵菌、绿僵菌等生防菌剂，根腐病、枯萎病等病害发生较重地区，推行撒施枯草芽孢杆菌、解淀粉芽孢杆菌、多粘类芽孢杆菌、哈茨木霉菌等生物菌剂，预防病虫害。

②培育健康种苗。选用抗（耐）性品种；提倡水旱轮作或与非豆科作物轮作；深沟高畦栽培；保持适宜的豇豆种植密度，培育壮苗，有条件的地方推行棚室育苗或水培育苗；选用高效杀菌剂进行药剂拌种预防病害，对于蓟马发生严重的地区推荐使用噻虫嗪等种子处理剂拌种。

**（2）苗期**

①药剂灌根。对于根腐病、枯萎病发生严重的地区，推荐在苗期采用哈茨木霉菌、枯草芽孢杆菌、多粘类芽孢杆菌等微生物菌剂灌根 1～2 次。

②物理阻隔。采用银灰膜条（或银灰地膜）避蚜，采用地膜覆盖阻隔蓟马入土化蛹；因地制宜推广使用防虫网阻隔害虫，种植豇豆宜选用 40～60 目防虫网，可阻隔大部分主要害虫。

③害虫诱杀。对于豇豆荚螟、斜纹夜蛾、甜菜夜蛾、棉铃虫等鳞翅目害虫发生的地区，推荐在豇豆连片种植地块安装杀虫灯或性信息素诱捕器诱杀害虫；在田间设置可降解黄板诱杀斑潜蝇、烟粉虱、蚜虫等害虫，设置信息素蓝板诱杀蓟马类害虫。

④释放天敌。有条件的地区，推广防虫网＋释放天敌的防控措施，释放天敌前可先喷施印楝素、苦参碱、苦皮藤素等生物农药压低虫口基数，施药 7 d 后释放小花蝽、捕食螨等天敌防治蓟马、红蜘蛛。释放天敌后，应选用对天敌较为安全的药剂进行病虫害的防治。

**（3）伸蔓期至开花结荚期**（彩图 38）

①加强控水、通风。生长期科学管理水分，排涝控水；豇豆生长中后期，及时疏除植株下部过密枝叶，改善豇豆通风透光条件。

②生长调节。冬春季节，对豇豆叶部喷施氨基酸、腐殖酸等有机叶面肥防止低温冻害；初花期、初果期，喷施氨基寡糖素、超敏蛋白等免疫诱抗剂以及赤霉酸、芸苔素内酯等植物生长调节剂，起到保花保果、提高豇豆抗病性的作用。

③科学用药。针对卵期和若（幼）虫期害虫，选用内吸性、速效性和持效性等不同作用方式和机制的药剂，通过药剂合理配合使用以及开展统一防治，提高防治效果。

 **126.** **如何根据豇豆生长不同时期做好药剂选择？**

**（1）虫害防治药剂**

①苗期至采收前。可选用金龟子绿僵菌、昆虫多角体病毒、苏云金杆菌、白僵菌、甲氨基阿维菌素苯甲酸盐、氯虫苯甲酰胺、虱螨脲、螺虫乙酯、虫螨腈·唑虫酰胺、吡虫啉·虫螨腈、虫螨·噻虫嗪、灭蝇胺、阿维·灭蝇胺、阿维·杀虫单、灭胺·杀虫单、阿维菌素等药剂。

②开花结荚至采收期。可选用金龟子绿僵菌、昆虫多角体病毒、苏云金杆菌、白僵菌、苦参碱、溴氰虫酰胺、乙基多杀菌素、噻虫嗪、啶虫脒、茚虫威、多杀霉素、双丙环虫酯、高效氯氰菊酯等安全间隔期 3 天以内的药剂。

**（2）病害防治药剂**

①锈病、白粉病、炭疽病等病害。选用蛇床子素、硫黄·锰锌、苯甲·嘧菌酯、吡萘·嘧菌酯、氟菌·肟菌酯等药剂。

②枯萎病、根腐病等病害。选用哈茨木霉菌、多粘类芽孢杆菌、多抗霉素、嘧啶核苷类抗菌素等药剂灌根。

③细菌性病害。选用春雷霉素、中生菌素、大蒜素等药剂。

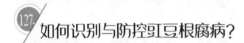

# 第六章　豇豆主要病虫害识别与科学用药

## 127. 如何识别与防控豇豆根腐病？

根腐病是豇豆上的常发病害（彩图39）。该病早期症状不明显，因病株较矮小，往往易被忽视。到开花结荚时，病株下部叶发黄，从叶边缘开始枯萎，但不脱落，病部产生褐色或黑色斑点，多由侧根蔓延至主根，使整个根系腐烂或坏死，病株容易拔出。纵剖病根，维管束呈红褐色，病情扩展后向茎部延伸，主根全部发病后，地上部茎叶萎蔫或枯死。

用药防治：

| 防治对象 | 推荐农药 | 使用浓度 | 使用方法 | 安全间隔期（d） | 每季最多使用次数 |
|---|---|---|---|---|---|
| 根腐病 | 24%苯醚·咯·噻虫悬浮种衣剂 | 1∶100 药种比 | 种子包衣 | 30 | 1 |
| | 25 g/L咯菌腈悬浮种衣剂 | 1∶200 药种比 | 种子包衣 | 30 | 1 |
| | 11%精甲·咯·嘧菌悬浮种衣剂 | 1∶200 药种比 | 种子包衣 | 30 | 1 |
| | 350 g/L精甲霜灵种子处理乳剂 | 1∶2 000 药种比 | 种子包衣 | 30 | 1 |

## 128. 如何识别与防控豇豆枯萎病？

该病主要危害根系，通过维管束造成系统侵染，使豇豆整株枯萎，湿度大时病部表面可产生粉红色霉层。一般花期开始发病，结荚期可造成植株大量枯死。发病植株下部叶片先变黄，病叶叶脉变褐，叶肉发黄，继而全叶干枯或脱落。植株感染初期可见地上部分一侧叶片萎蔫，早晚间可恢复，数天后整株枯死，茎基部变黑褐色，根部腐烂（彩图40）。病株根变色，侧根少。植株结荚显著减少，豆荚背部及腹缝合线变黄褐色，全株渐枯死。剖视病株茎部和根部，内部维管束变红褐色至黑褐色，严重时外部变黑褐色、根部腐烂。枯萎病与根腐病的区别在于，豇豆根腐病根表皮先变红褐色，继而根系腐烂，木质部外露，病部腐烂处的维管束变褐，但地上茎部维管束一般不变褐。

用药防治：

| 防治对象 | 推荐农药 | 使用浓度 | 使用方法 | 安全间隔期（d） | 每季最多使用次数 |
|---|---|---|---|---|---|
| 枯萎病 | 10 亿 CFU/g 多粘类芽孢杆菌可湿性粉剂＋4％嘧啶核苷类抗菌素水剂 | 500 倍液＋300 倍液 | 灌根 | 7 | 3 |
| | 2 亿孢子/g 木霉菌可湿性粉剂＋10％多抗霉素可湿性粉剂 | 500 倍液＋500 倍液 | 灌根 | 7 | 3 |
| | 30％噁霉灵水剂＋2％春雷霉素可湿性粉剂 | 600 倍液＋600 倍液 | 灌根 | 7 | 2 |
| | 70％甲硫·福美双可湿性粉剂＋10％多抗霉素可湿性粉剂 | 800 倍液＋500 倍液 | 灌根 | 7 | 2 |

## 129. 如何识别与防控豇豆炭疽病？

由高等真菌侵染引起，初为紫红色，后色变淡，稍凹陷以至龟裂，病斑上密生大量黑点，即病菌分生孢子盘。该病多发生在雨季，病部往往因腐生菌的生长而变黑，加速茎组织的崩解。苗期至结荚收获期均可染病，地上部分均能受害，主要危害茎、叶、豆荚和种子。幼苗染病：子叶上出现红褐色近圆形病斑，凹陷成溃疡状。幼茎上生锈色小斑点，后扩大成短条锈斑，常使幼苗折倒枯死。成株期叶片染病：叶片上病斑多沿叶脉发生，出现圆形至不规则形病斑，边缘褐色，中部淡褐色，扩大至全叶后，叶片萎蔫。茎染病：病斑红褐色，稍凹陷，呈圆形或椭圆形，外缘有黑色轮纹，可着生大量黑点龟裂；潮湿时病斑上产生浅红色黏状物。豆荚染病：生褐色小点，可扩大至直径 1 cm 的圆形大病斑，中心黑褐色，边缘淡褐色至粉红色，稍凹陷，易腐烂（彩图 41）。种子染病：其上有大小不一的黄褐色至褐色斑点，稍凹陷。

用药防治：

| 防治对象 | 推荐农药 | 使用浓度 | 使用方法 | 安全间隔期（d） | 每季最多使用次数 |
|---|---|---|---|---|---|
| 炭疽病 | 10％苯醚甲环唑水分散粒剂 | 1 000 倍液 | 喷雾 | 7 | 3 |
| | 50％咪鲜胺锰盐可湿性粉剂 | 1 000 倍液 | 喷雾 | 7 | 3 |
| | 325 g/L 苯甲·嘧菌酯悬浮剂 | 1 500 倍液 | 喷雾 | 7 | 3 |
| | 75％肟菌·戊唑醇水分散粒剂 | 3 000 倍液 | 喷雾 | 7 | 2 |

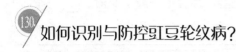

**130. 如何识别与防控豇豆轮纹病？**

该病主要在豇豆生长后期发生，主要危害叶片，有时也危害茎和荚果。叶片初生浓紫色小斑，后扩大为直径 4～8 mm 的近圆形褐斑，斑面具明显的赤褐色同心轮纹，潮湿时生暗色霉状物，但量少而稀疏（彩图 42）。茎部初生浓褐色条斑，后绕茎扩展，致病部以上的茎枯死。荚上病斑紫褐色，具轮纹，病斑数量多时荚呈赤褐色。

用药防治：

| 防治对象 | 推荐农药 | 使用浓度 | 使用方法 | 安全间隔期（d） | 每季最多使用次数 |
|---|---|---|---|---|---|
| 轮纹病 | 10％苯醚甲环唑水分散粒剂 | 1 000 倍液 | 喷雾 | 7 | 2 |
| | 450 g/L 咪鲜胺水乳剂 | 1 500 倍液 | 喷雾 | 7 | 2 |
| | 50％异菌脲可湿性粉剂 | 1 000 倍液 | 喷雾 | 7 | 2 |

**131. 如何识别与防控豇豆细菌性疫病？**

该病危害部位主要为叶片，也危害茎蔓和豆荚。在潮湿条件下，发病部位常有黄色菌脓溢出。病苗出土后，子叶呈红褐色溃疡状，或在着生小叶的节上及第 2 片叶柄基部产生水渍状斑，扩大后为红褐色，病斑绕茎扩展，幼苗即折断干枯。

叶片染病：开始表现为叶尖或叶缘，初期呈暗绿色油渍状小斑点，后扩展为不规则形褐色坏死斑，病变组织变薄近透明，周围有黄色晕圈，病部变硬易脆裂，严重时病斑连合，终致全叶变黑枯或扭曲畸形，呈干枯火烧状（彩图 43）。嫩叶受害表现为皱缩、变形、易脱落。

茎蔓染病：开始表现为水渍状，渐渐发展为红褐色溃疡状条斑，稍凹陷，绕茎 1 周后，致病部以上茎叶枯萎。豆荚染病：发病初期生暗绿色油渍状小斑，后扩大为稍凹陷的圆形至不规则形褐斑，严重时豆荚皱缩。

种子染病：种皮皱缩或产生黑色凹陷斑。湿度大时，叶片、茎蔓、果荚病部或种子脐病部常有黏液状菌脓溢出。

用药防治：

| 防治对象 | 推荐农药 | 使用浓度 | 使用方法 | 安全间隔期（d） | 每季最多使用次数 |
|---|---|---|---|---|---|
| 细菌性疫病 | 47%春雷·王铜可湿性粉剂 | 600 倍液 | 喷雾 | 7 | 3 |
| | 27.12%碱式硫酸铜悬浮剂 | 1 000 倍液 | 喷雾 | 7 | 3 |
| | 85%波尔·甲霜灵可湿性粉剂 | 750 倍液 | 喷雾 | 7 | 2 |
| | 5%大蒜素微乳剂 | 1 000 倍液 | 喷雾 | 3 | 3 |
| | 5%中生菌素可湿性粉剂 | 1 000 倍液 | 喷雾 | 7 | 3 |

132. 如何识别与防控豇豆锈病？

锈病在豇豆生长中后期发生，主要侵害叶片，严重时茎、蔓、叶柄及荚均可受害，病害流行时可使全田植株枯黄，中下部叶片大量脱落，对豇豆产量和品质都可造成很大损失，严重时可减产量50%左右。叶片和茎蔓染病：初现边缘不明显的褪绿小黄斑，直径0.5~2.5 mm，后中央稍突起，渐扩大现出深黄色夏孢子堆，表皮破裂后，散出红褐色粉末，即夏孢子。后在夏孢子堆或四周生紫黑色疤斑，即冬孢子堆。有时叶面或背面可见略凸起的白色疤斑，即病菌锈子腔（彩图44）。豆荚染病：形成突出表皮疤斑，表皮破裂后，散出褐色孢子粉，即冬孢子堆和冬孢子，发病重的无法食用。该病严重时叶片干枯早落，植株早衰。

用药防治：

| 防治对象 | 推荐农药 | 使用浓度 | 使用方法 | 安全间隔期（d） | 每季最多使用次数 |
|---|---|---|---|---|---|
| 锈病 | 29%吡萘·嘧菌酯悬浮剂 | 1 000 倍液 | 喷雾 | 3 | 3 |
| | 75%戊唑·嘧菌酯水分散粒剂 | 3 000 倍液 | 喷雾 | 7 | 2 |
| | 50%硫磺·锰锌可湿性粉剂 | 1 000 倍液 | 喷雾 | 3 | 3 |
| | 40%腈菌唑可湿性粉剂 | 3 000 倍液 | 喷雾 | 5 | 3 |
| | 20%噻呋·吡唑酯悬浮剂 | 1 000 倍液 | 喷雾 | 5 | 3 |

133. 如何识别与防控豇豆白粉病？

该病主要危害成株叶片。初期叶片背面产生小白斑，圆形。后扩大相互连接，覆盖整个叶片，沿叶脉扩展成粉带，颜色渐变为灰白色至紫褐色（彩图45）。严重时叶面形成病斑，致叶片枯黄脱落。

用药防治：

| 防治对象 | 推荐农药 | 使用浓度 | 使用方法 | 安全间隔期（d） | 每季最多使用次数 |
|---|---|---|---|---|---|
| 白粉病 | 0.4%蛇床子素可溶液剂 | 600 倍液 | 喷雾 | 1 | 3 |
| | 75%肟菌·戊唑醇水分散粒剂 | 3 000 倍液 | 喷雾 | 5 | 3 |
| | 29%吡萘·嘧菌酯悬浮剂 | 1 500 倍液 | 喷雾 | 3 | 3 |
| | 40%腈菌唑可湿性粉剂 | 3 000 倍液 | 喷雾 | 5 | 3 |

 **134. 如何识别与防控豇豆煤霉病？**

豇豆煤霉病又称豇豆叶霉病。主要危害叶片，严重时也危害藤蔓、叶柄及豆荚从下向上发展。病斑初起为不明显的近圆形黄绿色斑，继而黄绿斑中出现由少到多、叶两面生的紫褐色或紫红色小点，后扩大为直径 0.5～2 cm 的近圆形或受较大叶脉限制而呈不整形的紫褐色或褐色病斑，病斑边缘不明显，表面密生煤烟状霉层，严重时导致叶子干枯掉落（彩图 46）。

用药防治：

| 防治对象 | 推荐农药 | 使用浓度 | 使用方法 | 安全间隔期（d） | 每季最多使用次数 |
|---|---|---|---|---|---|
| 煤霉病 | 40%嘧霉胺悬浮剂 | 1 000 倍液 | 喷雾 | 5 | 3 |
| | 66.8%丙森·缬霉威可湿性粉剂 | 1 000 倍液 | 喷雾 | 7 | 3 |
| | 30%嘧菌·腐霉利悬浮剂 | 1 000 倍液 | 喷雾 | 5 | 3 |

 **135. 如何识别与防控豇豆病毒病？**

嫩叶出现花叶、明脉、退绿或畸形等症状，新生叶片上浓绿部位稍凸起呈疣状，有的病株产生褐色凹陷条斑，叶肉或叶脉坏死（彩图 47）。病株生长不良、矮化、花器变形、结荚少。豆粒上产生黄绿花斑；有的病株生长点枯死，或从嫩梢开始坏死。

用药防治：

| 防治对象 | 推荐农药 | 使用浓度 | 使用方法 | 安全间隔期（d） | 每季最多使用次数 |
|---|---|---|---|---|---|
| 病毒病 | 5%氨基寡糖素水剂 | 1 000 倍液 | 喷雾 | 3 | — |
| | 30%毒氟磷可湿性粉剂 | 800 倍液 | 喷雾 | 7 | 3 |
| | 8%宁南霉素水剂 | 800 倍液 | 喷雾 | 3 | 3 |
| | 20%盐酸吗啉胍可湿性粉剂 | 500 倍液 | 喷雾 | 7 | 3 |

潜叶蝇有什么危害？如何科学用药防治？

　　成、幼虫均可危害（彩图48）。雌成虫飞翔把植物叶片刺伤，进行取食和产卵，幼虫潜入叶片和叶柄危害，产生不规则蛇形白色虫道，叶绿素被破坏，影响光合作用，受害植株叶片脱落，造成花芽、果实被灼伤，严重的造成毁苗。

　　用药防治：

| 防治对象 | 推荐农药 | 使用浓度 | 使用方法 | 安全间隔期（d） | 每季最多使用次数 |
|---|---|---|---|---|---|
| 潜叶蝇 | 10％溴氰虫酰胺可分散油悬浮剂 | 1 500 倍液 | 喷雾 | 3 | 3 |
| | 25％噻虫嗪水分散粒剂 | 2 500 倍液 | 喷雾 | 7 | 1 |
| | 60 g/L乙基多杀菌素悬浮剂 | 1 000 倍液 | 喷雾 | 3 | 2 |
| | 1.8％阿维菌素水乳剂＋10％啶虫脒可湿性粉剂 | 1 000 倍液 | 喷雾 | 3 | 1 |
| | 1.8％阿维菌素水乳剂＋4.5％高效氯氰菊酯水乳剂 | 1 000 倍液 | 喷雾 | 3 | 2 |
| | 31％阿维·灭蝇胺悬浮剂 | 2 000 倍液 | 喷雾 | 7 | 3 |

 豇豆荚螟有什么危害？如何科学用药防治？

　　豇豆荚螟以幼虫蛀食寄主豆类蔬菜的花蕾、豆荚和叶片，常常会使花朵、花蕾和嫩荚脱落（彩图49）。被豇豆荚螟危害的豆荚，蛀孔内外堆积虫粪，受害豆荚有苦味，既不堪食用，也容易受其他环境因素影响而发生霉变，严重影响豆类蔬菜的品质和产量。

　　用药防治：

| 防治对象 | 推荐农药 | 使用浓度 | 使用方法 | 安全间隔期（d） | 每季最多使用次数 |
|---|---|---|---|---|---|
| 豇豆荚螟 | 14％氯虫·高氯氟微囊悬浮—悬浮剂 | 2 000 倍液 | 喷雾 | 5 | 2 |
| | 5％氯虫苯甲酰胺悬浮剂 | 1 000 倍液 | 喷雾 | 5 | 2 |
| | 5.7％甲氨基阿维菌素苯甲酸盐微乳剂 | 2 000 倍液 | 喷雾 | 7 | 2 |
| | 32 000 IU/mg 苏云金杆菌可湿性粉剂 | 600 倍液 | 喷雾 | 1 | — |
| | 10％溴氰虫酰胺可分散油悬浮剂 | 1 500 倍液 | 喷雾 | 3 | 2 |
| | 6％乙基多杀菌素悬浮剂 | 1 000 倍液 | 喷雾 | 3 | 2 |
| | 5％虱螨脲悬浮剂 | 1 500 倍液 | 喷雾 | 7 | 3 |

## 138. 蓟马有什么危害？如何科学用药防治？

蓟马是锉吸式口器，主要危害嫩叶、顶芽、侧芽等幼嫩组织及花蕾、荚果；幼嫩组织受害后，表皮变硬、缩小，植株生长受到延缓或抑制；荚果受害后，果实畸形，果面有铁锈斑，尤其是果实和果柄连接区域的表现尤为突出，受害部表皮僵硬，极大地影响了产量和品质（彩图 50）。

用药防治：

| 防治对象 | 推荐农药 | 使用浓度 | 使用方法 | 安全间隔期（d） | 每季最多使用次数 |
|---|---|---|---|---|---|
| 蓟马 | 5.7%甲氨基阿维菌素苯甲酸盐微乳剂 | 2 000 倍液 | 喷雾 | 7 | 2 |
| | 22.4%螺虫乙酯悬浮剂 | 1 000 倍液 | 喷雾 | 7 | 2 |
| | 10%啶虫脒可湿性粉剂 | 1 500 倍液 | 喷雾 | 3 | 1 |
| | 60 g/L乙基多杀菌素悬浮剂 | 1 000 倍液 | 喷雾 | 3 | 2 |
| | 25%噻虫嗪水分散粒剂 | 2 500 倍液 | 喷雾 | 7 | 1 |
| | 30%虫螨腈·噻虫嗪悬浮剂 | 1 500 倍液 | 喷雾 | 5 | 1 |
| | 10%多杀霉素悬浮剂 | 1 000 倍液 | 喷雾 | 3 | 1 |
| | 20%虫螨·唑虫酰胺悬浮剂 | 1 000 倍液 | 喷雾 | 7 | 1 |
| | 45%吡虫啉·虫螨腈悬浮剂 | 2 000 倍液 | 喷雾 | 5 | 1 |
| | 0.5%苦参碱可溶液剂 | 500 倍液 | 喷雾 | 1 | 3 |
| | 80 亿孢子/mL金龟子绿僵菌CQMa421 可分散油悬浮剂 | 1 000 倍液 | 喷雾 | 1 | — |

## 139. 斜纹夜蛾有什么危害？如何科学用药防治？

主要以幼虫危害，幼虫食性杂，且食量大，初孵幼虫在叶背危害，取食叶肉，仅留下表皮；也危害花及豆荚，可蛀入豆荚内取食，导致豆荚腐烂和污染，失去商品价值（彩图 51）。3 龄幼虫后造成叶片残缺不堪甚至全部吃光，蚕食花蕾造成缺损，容易暴发成灾。4 龄后进入暴食期，猖獗时可吃尽大面积豇豆叶片，并迁徙他处危害。

用药防治：

| 防治对象 | 推荐农药 | 使用浓度 | 使用方法 | 安全间隔期（d） | 每季最多使用次数 |
|---|---|---|---|---|---|
| 斜纹夜蛾 | 16 000 IU/mg 苏云金杆菌可湿性粉剂 | 1 000 倍液 | 喷雾 | 1 | — |
| | 30％茚虫威水分散粒剂 | 2 000 倍液 | 喷雾 | 3 | 1 |
| | 5.7％甲氨基阿维菌素苯甲酸盐微乳剂 | 2 000 倍液 | 喷雾 | 7 | 2 |
| | 10 亿 PIB/mL 斜纹夜蛾核型多角体病毒悬浮剂 | 1 000 倍液 | 喷雾 | 1 | — |
| | 5％虱螨脲悬浮剂 | 1 500 倍液 | 喷雾 | 7 | 3 |

## 140. 甜菜夜蛾有什么危害？如何科学用药防治？

1～2 龄幼虫常群集在叶背面危害，吐丝、结网，在叶内取食叶肉，残留表皮而形成"烂窗纸状"破叶（彩图 52）。3 龄以后的幼虫分散危害，严重发生时可将叶肉吃光，仅残留叶脉，甚至可将嫩叶吃光。幼虫体色多变，但以绿色为主，兼有灰褐色或黑褐色，5～6 龄的老熟幼虫体长 2 cm 左右。幼虫有假死性，稍受惊吓即卷成"C"状，滚落到地面。幼虫怕强光，多在早、晚危害，阴天可全天危害。

用药防治：

| 防治对象 | 推荐农药 | 使用浓度 | 使用方法 | 安全间隔期（d） | 每季最多使用次数 |
|---|---|---|---|---|---|
| 甜菜夜蛾 | 5％氯虫苯酰胺悬浮剂 | 1 000 倍液 | 喷雾 | 5 | 2 |
| | 5.7％甲氨基阿维菌素苯甲酸盐微乳剂 | 2 000 倍液 | 喷雾 | 7 | 2 |
| | 10％溴氰虫酰胺可分散油悬浮剂 | 1 500 倍液 | 喷雾 | 3 | 3 |
| | 5％虱螨脲悬浮剂 | 1 500 倍液 | 喷雾 | 7 | 3 |
| | 80 亿孢子/mL 金龟子绿僵菌 CQMa421 可分散油悬浮剂 | 750 倍液 | 喷雾 | — | — |
| | 30 亿 PIB/mL 甜菜夜蛾核型多角体病毒悬浮剂 | 1 500 倍液 | 喷雾 | — | 1 |
| | 4.5％高效氯氰菊酯乳油 | 1 200 倍液 | 喷雾 | 3 | 3 |

## 141. 蚜虫有什么危害？如何科学用药防治？

蚜虫是豇豆主要虫害，又是豇豆病毒病主要传毒媒介之一（彩图 53）。蚜虫常在叶面上刺吸植物汁液，造成叶片卷缩变形，植株生长不良，影响生长，并因大量排泄蜜露污染叶面。并能传播病毒病，造成的损失远远大于蚜虫的直接危害。

用药防治：

| 防治对象 | 推荐农药 | 使用浓度 | 使用方法 | 安全间隔期（d） | 每季最多使用次数 |
|---|---|---|---|---|---|
| 豆蚜 | 1.5%苦参碱可溶液剂 | 1 000 倍液 | 喷雾 | 10 | 1 |
| | 50 g/L 双丙环虫酯可分散液剂 | 2 000 倍液 | 喷雾 | 3 | 2 |
| | 10%溴氰虫酰胺可分散油悬浮剂 | 1 500 倍液 | 喷雾 | 3 | 3 |
| | 25%噻虫嗪水分散粒剂 | 2 500 倍液 | 喷雾 | 7 | 1 |

 **朱砂叶螨有什么危害？如何科学用药防治？**

朱砂叶螨以幼螨、若螨、成螨在叶背吸食寄主汁液，导致叶片上出现退绿斑点，以后逐渐变成灰白色或红色斑，严重时叶片焦枯脱落，似火烧状，叶片全部脱落，造成光秆，只能重播或改种其他作物（彩图 54）。即使不致光秆，也将严重影响光合作用，使植株不能正常生长变得矮小，造成豇豆减产。豇豆在中后期严重受害时，会造成落叶、落花、落荚，影响产量。朱砂叶螨每年发生 10～20 代，气温达 10℃ 以上朱砂叶螨即可大量繁殖。发育起点温度为 7.7～8.8℃，最适宜生存温度为 25～30℃，最适宜湿度为 35%～55%，因此干旱季节较有利于其发生。暴雨对其有抑制作用。

用药防治：

| 防治对象 | 推荐农药 | 使用浓度 | 使用方法 | 安全间隔期（d） | 每季最多使用次数 |
|---|---|---|---|---|---|
| 叶螨 | 22.4%螺虫乙酯悬浮剂 | 1 000 倍液 | 喷雾 | 7 | 2 |
| | 0.5%苦参碱可溶液剂 | 500 倍液 | 喷雾 | 1 | 3 |
| | 1.8%阿维菌素水乳剂 | 1 000 倍液 | 喷雾 | 3 | 2 |

 **地老虎有什么危害？如何科学用药防治？**

3 龄前幼虫食量小，危害叶片，严重时叶片的叶肉被食光，只剩下小叶柄和叶的主脉。3 龄后钻入 3 cm 左右的表土中，危害根、茎（彩图 55）。3～6 龄食量剧增，咬食（断）叶柄、枝条和主茎，造成缺株断垄。

用药防治：

| 防治对象 | 推荐农药 | 使用剂量（每 667 m² 用量） | 使用方法 | 安全间隔期（d） | 每季最多使用次数 |
|---|---|---|---|---|---|
| 地老虎 | 5 亿 PIB/g 甘蓝夜蛾核型多角体病毒颗粒剂 | 800～1 200 g | 沟施 | — | — |
| | 2 亿孢子/g 金龟子绿僵菌 CQMa421 颗粒剂 | 4 000～6 000 g | 撒施 | — | — |

## 烟粉虱有什么危害？如何科学用药防治？

　　烟粉虱可全年繁殖，多在叶背取食，卵散产于叶背面。若虫初孵时能活动，低龄若虫定居在叶背面，灰黄色，类似介壳虫。烟粉虱发育速率快，繁殖率高，具有极强的暴发性；因该虫在寄主植物叶片背面取食危害，故具有较强的隐蔽性。烟粉虱成虫停在植株上时，左右翅合拢呈屋脊状。

　　成虫喜欢群集于植株上部嫩叶背面吸食汁液，随着新叶长出，成虫不断向上部新叶转移。故出现由下向上扩散危害的垂直分布。最下部是蛹和刚羽化的成虫，中下部为若虫，中上部为即将孵化的黑色卵，上部嫩叶是成虫及其刚产下的卵。成虫喜群集，不善飞翔，对黄色有强烈的趋性。

　　烟粉虱以成虫、若虫刺吸植株叶片使其长势衰弱，叶片呈银叶症状，产量和品质下降，同时还分泌蜜露，引发煤污病，发生严重时，叶片呈黑色，严重影响植株光合作用，甚至整株死亡。此外烟粉虱可传播 30 种植物上的 70 多种病毒病。

用药防治：

| 防治对象 | 推荐农药 | 使用浓度 | 使用方法 | 安全间隔期（d） | 每季最多使用次数 |
|---|---|---|---|---|---|
| 烟粉虱 | 25％噻虫嗪水分散粒剂 | 2 500 倍液 | 喷雾 | 7 | 1 |
| | 10％溴氰虫酰胺可分散油悬浮剂 | 1 500 倍液 | 喷雾 | 3 | 3 |
| | 10％啶虫脒乳油 | 1 500 倍液 | 喷雾 | 3 | 1 |
| | 50 g/L 双丙环虫酯可分散液剂 | 2 500 倍液 | 喷雾 | 3 | 2 |
| | 4.5％高效氯氰菊酯乳油 | 1 200 倍液 | 喷雾 | 3 | 1 |
| | 3.2％阿维菌素乳油 | 1 500 倍液 | 喷雾 | 7 | 3 |

## 根结线虫有什么危害？如何科学用药防治？

　　只危害根部，侧根、支根易受害，病根形成大小不等的小瘤状物，剖开可

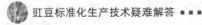

见许多白色梨状雌线虫，致地上部分生长衰弱，植株矮小，色浅，不结夹或结荚不良，天气干旱或土壤中缺水的中午前后植株常萎蔫，拔出病根可见上述症状（彩图56）。

用药防治：

| 防治对象 | 推荐农药 | 使用剂量（每667 m² 用量） | 使用方法 | 安全间隔期（d） | 每季最多使用次数 |
|---|---|---|---|---|---|
| 根结线虫 | 0.5%阿维菌素颗粒剂 | 3 000～3 500 g | 撒施 | 50 | 1 |
| | 2亿孢子/克淡拟青霉 | 10 500～15 000 g | 撒施 | — | — |

# 第七章　产品质量安全与监测

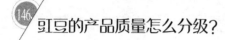

## 146. 豇豆的产品质量怎么分级?

符合卫生指标,清洁,不含可见外来杂物;外观新鲜,豆荚硬实,不脱水,无皱缩,质地脆嫩;豆荚具有本品种特有的颜色;豆荚完好,不腐烂和变质,无异味,无冻害。

| 项目 | 等级 | | |
|---|---|---|---|
| | 特级 | 一级 | 二级 |
| 品种 | 同一品种 | | 同一品种或相似品种 |
| 成熟度 | 豆荚发育饱满,荚内种子不显露或略有显露,手感充实 | 豆荚发育饱满,荚内种子略有显露,手感充实 | 豆荚内种子明显显露 |
| 荚果形状 | 具有本品种特有的形状特征,形状一致 | 形状基本一致 | 形状基本一致 |
| 病虫害 | 无 | 不明显 | 轻微 |

## 147. 如何对豇豆进行检验?

检验时同产地、同时收购的豇豆作为一个检验批次;收购集散中心(批发市场)按同产地的豇豆作为一个检验批次;农贸市场和超市按相同进货渠道的豇豆作为一个检验批次。

抽样方法按照 NY/T 2103《蔬菜抽样技术规范》的规定执行。检验抽样报验单填写的项目应与实货相符。凡与实货不符,包装容器严重损坏的,应由交货单位重新整理后再行抽样检验。

判定规则:

①卫生指标有一项不合格,判定该批次豇豆为不合格且不得复验。

②整批豇豆不超过某级别规定的容许度，则判为某级别产品；若超过，则按下一级规定的容许度检验，直到判出级别为止。

③整批豇豆不超过某规格规定的容许度，则判为某规格产品；若超过，则按下一规格规定的容许度检验，直到判出规格为止。

④该批次豇豆样本标识、包装、净含量不合格者，允许生产者进行整改后申请复验一次。

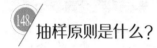

## 148. 抽样原则是什么？

**（1）随机性**

抽出的用以评定整批产品的样品，应是不加任何选择的，按随机原则抽取。

**（2）代表性**

抽样所得的样品应具有足够的代表性，应是以从整批产品中所取出的全部个别样品（份样）集成大样来代表整批产品，不应以个别样品（份样）或单株或单个个体来代表整批。生产地抽样时，应避开病虫害等非正常植株。

**（3）可行性**

抽样的方法、使用的工具及样品数量应是合理可行、切合实际的，符合样品检验的要求，应在确保随机性、代表性的基础上做到快速、经济和可操作性强。

**（4）公正性**

抽样工作应在承担任务的机构主持下完成，抽样人员应亲自到现场抽样。受检单位人员可陪同抽样，但不应干扰已定抽样方案的实施。

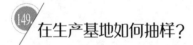

## 149. 在生产基地如何抽样？

抽样按照 NY/T 2103《蔬菜抽样技术规范》的规定执行。检验抽样报验单填写的项目应与实货相符。凡与实货不符，包装容器严重损坏的，应由交货单位重新整理后再行抽样检验。

在生产基地当蔬菜种植面积小于 10 hm² 时，每 1～3 hm² 设为一个抽样批次；当蔬菜种植面积大于 10 hm²，每 3～5 hm² 设为一个抽样批次。在蔬菜大棚中抽样，每个大棚为一个抽样批次。每个抽样批次内根据实际情况按对角线法、梅花点法、棋盘式法、蛇形法等方法采取样品，每个抽样批次内抽样点不应少于 5 点。个体较大的样品（如大白菜、结球甘蓝），每点采样量不应超过 2 个个体，个体较小的样品（如樱桃、番茄），每点采样量 0.5～0.7 kg。若采样总量达不到规定的要求，可适当增加采样点。每个抽样点面积为 1 m² 左右，随机抽取该范围内同一生产方式、同一成熟度的蔬菜作为检测用样品。（注：一个基地如大棚数量多，则抽取部分大棚作为抽样单元。）

 豇豆的主要卫生指标是什么？

豇豆的卫生指标包括污染物指标和农药残留指标。污染物限量及检测方法应符合 GB 2762《食品安全国家标准 食品中污染物限量》的规定并适时更新，农药残留限量及检测方法应符合 GB 2763《食品安全国家标准 食品中农药最大残留限量》的规定并适时更新。豇豆主要卫生指标见下表。

豇豆的主要卫生指标

| 检测项目 | 最大残留限量<br>（mg/ kg） | 检测项目 | 最大残留限量<br>（mg/ kg） |
| --- | --- | --- | --- |
| 甲胺磷 | 0.05 | 灭蝇胺 | 0.5 |
| 氧乐果 | 0.02 | 甲氨基阿维菌素苯甲酸盐 | 0.015 |
| 甲拌磷 | 0.01 | 噻虫嗪 | 0.3 |
| 毒死蜱 | 0.02 | 乙酰甲胺磷 | 0.02 |
| 三唑磷 | 0.05 | 敌敌畏 | 0.2 |
| 久效磷 | 0.03 | 敌百虫 | 0.2 |
| 涕灭威 | 0.03 | 倍硫磷 | 0.05 |
| 灭多威 | 0.2 | 阿维菌素 | 0.05 |
| 克百威 | 0.02 | 治螟磷 | 0.01 |
| 氟虫腈 | 0.02 | 磷胺 | 0.05 |
| 乐果 | 0.01 | 地虫硫磷 | 0.01 |
| 水胺硫磷 | 0.05 | 吡虫啉 | 2 |
| 啶虫脒 | 0.4 | 氯唑磷 | 0.01 |
| 嘧菌酯 | 3 | 甲基异柳磷 | 0.01 |
| 内吸磷 | 0.02 | 二甲戊灵 | 0.05 |
| 辛硫磷 | 0.05 | 杀扑磷 | 0.05 |
| 苯线磷 | 0.02 | 速灭磷 | 0.01 |
| 总砷（以 As 计） | 0.5 | 镉（以 Cd 计） | 0.1 |
| 铅（以 Pb 计） | 0.2 | 总汞（以 Hg 计） | 0.01 |
| 铬（以 Cr 计） | 0.5 | | |

注：其他有毒有害物质的指标应符合强制性标准的规定；抽样按照 NY/T 789 和 NY/T 762 的规定执行。

## 151. 什么是承诺达标合格证？

抽样检测合格后，由生产单位或个人和收购单位或个人开具承诺达标合格证，承诺不使用禁用农药、使用的常规农药残留不超标、对承诺的真实性负责，标明溯源编码、豇豆名称、数量（重量）、产地、生产单位或个人名称及联系电话、开具日期等内容，并由生产单位或个人盖章或签名。

## 152. 什么是溯源编码管理？

对每个豇豆生产单位（个人）赋溯源编码，与其生产的豇豆进行关联。无溯源编码的豇豆不得收购和上市销售。溯源编码中包含豇豆名称、生产单位（个人）名称和身份证图片及联系电话、产地、生产档案（重点包括农药购买和使用记录）、合格证开具记录、查验（收购）记录、销售记录、检测记录、收购商和身份证图片及联系电话、销售渠道等相关信息。建立健全全省统一使用的食用农产品质量安全智慧监管平台，将溯源编码及其包含的信息纳入平台，对豇豆质量问题及时进行追溯。

## 153. 如何对样品进行判定？

豇豆抽样检测后，结果显示卫生指标有一项不合格，判定该批次豇豆为不合格且不得复验。整批豇豆不超过某级别规定的容许度，则判为某级别产品；若超过，则按下一级规定的容许度检验，直到判出级别为止。整批豇豆不超过某规格规定的容许度，则判为某规格产品；若超过，则按下一规格规定的容许度检验，直到判出规格为止。该批次豇豆样本标识、包装、净含量不合格者，允许生产者进行整改后申请复验一次。

## 154. 如何做好豇豆生产安全监测？

加强豇豆整个生产周期的质量安全监测，通过抽样检测重点监测生产过程是否使用禁用农药，采收期是否存在常规农药残留超标和是否遵守安全间隔期等情况。在批发市场或收购集散中心、出岛码头对豇豆进行抽样检测。

## 155. 什么是豇豆质量安全网格化管理?

以行政村为单位建立健全豇豆质量安全网格化全覆盖管理体系,按照区域定格、网格定人、人员定责的要求,把豇豆质量管理工作前移到田间地头。实行豇豆采摘报告制度,采摘前一天向村委会报告,由网格员采样进行检测或负责抽样送检,检测合格方可采摘。对网格辖区内的豇豆生产单位(个人)、种植地块、收购商、收购档口、批发市场等开展登记造册,建立管理名录实行主体备案。

## 156. 豇豆的包装与标识有什么要求?

豇豆的包装应大小一致,清洁、干燥、牢固、无毒、无污染、无异味,具有一定的透气性、防潮性和抗压性。产品应按品种、等级、规格分类包装,每批豇豆的包装规格、净重应一致。

应在包装上准确、清晰、完整地标明溯源编码、承诺达标合格证、豇豆名称、等级、规格、产地、商标、净重、采收日期、生产单位(个人)名称、详细地址和联系电话等。包装和标识应符合 SB/T 10158《新鲜蔬菜包装与标识》的规定。

# 主要参考文献

陈青，梁晓，伍春玲，2019.常用绿色杀虫剂科学使用手册［M］.北京：中国农业科学技术出版社.

陈素娟，2012.绿叶菜类蔬菜标准化生产实用新技术疑难解答［M］.北京：中国农业出版社.

陈燕羽，2021.豇豆高效栽培与病虫害绿色防控［M］.北京：中国农业出版社.

郭予元，等，2015.中国农作物病虫害［M］.北京：中国农业出版社.

何永梅，2018.大棚蔬菜栽培关键技术［M］.北京：化学工业出版社.

何永梅，王迪轩，2020.图说大棚蔬菜栽培实用技术［M］.北京：化学工业出版社.

李森，2020.蔬菜科学施肥技术问答［M］.北京：化学工业出版社.

# 附录 1 豇豆主要病虫害绿色
# 防控技术规程

## （NY/T 4023—2021）

## 1 范围

本文件规定了豇豆病虫害绿色防控的术语和定义、防治原则及绿色防控技术、施药防护、建立安全管理档案内容。

本文件适用于豇豆主要病虫害的绿色防控。

## 2 规范性引用文件

下列文件中的内容通过文中的规范性引用而构成本文件必不可少的条款。其中，注日期的引用文件，仅该日期对应的版本适用于本文件；不注日期的引用文件，其最新版本（包括所有的修改单）适用于本文件。

GB 2763 食品安全国家标准 食品中农药最大残留限量

GB/T 8321 （所有部分）农药合理使用准则

GB/T 24689.2 植物保护机械 杀虫灯

GB/T 24689.4 植物保护机械 诱虫板

NY/T 496 肥料合理使用准则 通则

NY/T 525 有机肥料

NY/T 1276 农药安全使用规范 总则

NY 2619 瓜菜作物种子 豆类（菜豆、长豇豆、豌豆）

NY/T 3637 蔬菜蓟马类害虫综合防治技术规程

## 3 术语和定义

下列术语和定义适用于本文件。

### 3.1

**病虫害绿色防控 environmental friendly control of diseases and insect pests**

协调生态调控、生物防治、物理防治和科学用药等环境友好型技术，来控制农作物病虫害的植物保护措施。

## 4 防治原则

贯彻"预防为主，综合防治"的植保方针。通过协调应用农业防治、生物防治、理化诱控和科学用药等植物保护措施，实现豇豆主要病虫害的有效控制。豇豆中的农药残留限量应符合 GB 2763 的要求。

## 5 绿色防控技术

### 5.1 农业防治

协调品种、水肥和栽培等农艺措施，强化健康栽培和生态调控，减轻病虫发生程度。

#### 5.1.1 选用抗（耐）性品种

宜选用适合当地的抗（耐）性品种。种子质量应符合 NY 2619 的规定。

#### 5.1.2 轮作控害

宜与水稻、玉米等粮食类或叶菜类作物轮作倒茬，保持适宜豇豆种植的良性土壤环境。

#### 5.1.3 翻耕晒垡

播种前，彻底清洁田园，深翻土地 30 cm，晾晒土地 5 d～7 d。

#### 5.1.4 高温闷棚消毒

宜在夏日休闲季节高温强光下进行。闷棚应在土壤灌水、覆膜后密闭棚室 20 d～30 d，其中至少有累计 15 d 以上的晴热天气；根结线虫等土传病害严重的地块应先均匀撒施氰氨化钙，再旋耕混匀起垄，覆膜后膜下灌水，密闭闷棚时间不少于 20 d，20 cm 土层的温度不低于 40℃。闷棚消毒后揭膜晾晒 7 d～10 d，使用微生物菌剂处理后种植。

#### 5.1.5 科学施肥

施足基肥育壮苗，多施有机肥和菌肥，适量施用氮肥，增施磷钾肥；第一节花序坐果后，每隔 7 d～15 d 追施 1 次复合肥，补充缺失的中微量元素；在苗期、花芽分化期、坐果期、籽粒灌浆期施用叶面肥。有机肥料应符合 NY/T 525 的要求，肥料的使用应符合 NY/T 496 的规定。

#### 5.1.6 清洁田园

及时清理残株、败叶、杂草，集中深埋或堆沤处理。农药、肥料等包装废弃物和农膜应集中回收处理。

### 5.2 生物防治

#### 5.2.1 施用生物制剂

##### 5.2.1.1 防治蓟马

播种前，每 667 m² 使用绿僵菌颗粒剂 5 kg～10 kg 兑细土均匀撒施后打湿垄面；苗期开始，根据虫情连续使用绿僵菌与生物农药或化学农药复配进行防治。

#### 5.2.1.2　防控土传病害

播种前，对土传病害较重的地块，选用木霉菌、芽孢杆菌等微生物菌剂进行土壤处理；苗期开始，选用枯草芽孢杆菌、多粘类芽孢杆菌等微生物菌剂进行灌根、喷雾。

### 5.2.2　利用天敌

保护利用自然天敌或释放天敌。苗期喷施生物农药压低虫源基数，施药7 d后棚内释放小花蝽、捕食螨等防治蓟马，释放丽蚜小蜂等防治粉虱，释放姬小蜂或潜蝇茧蜂等防治斑潜蝇，释放食蚜蝇等防治蚜虫。释放天敌后做好病虫害监测，及时施药防治并注意保护天敌。

## 5.3　理化诱控

### 5.3.1　防虫网阻隔

使用40目~60目防虫网，适宜目数根据靶标害虫、生产环境和栽培模式等因素综合考虑。防虫网棚需加强通风、排水和遮阳等设施建设。

### 5.3.2　诱虫板诱杀

在非天敌释放的地块，悬挂黄色诱虫板诱杀斑潜蝇、粉虱、蚜虫等成虫，悬挂蓝色诱虫板或蓝色诱虫板＋蓟马信息素诱杀蓟马。每667 m² 悬挂20张~30张。根据豇豆生长期调整诱虫板的高度，苗期高出植株顶部15 cm~20 cm，生长中后期悬挂在植株中上部。诱虫板应符合GB/T 24689.4的规定。

### 5.3.3　杀虫灯诱杀

连片种植的露地豇豆，宜架设杀虫灯诱杀斜纹夜蛾、甜菜夜蛾等鳞翅目害虫和蝼蛄等地下害虫，成虫发生期开灯诱杀。杀虫灯应符合GB/T 24689.2的要求。

### 5.3.4　昆虫性信息素诱杀

连片种植的露地豇豆，宜安装斜纹夜蛾、甜菜夜蛾、豇豆荚螟性信息素诱捕器诱杀成虫。根据豇豆生长期调整诱捕器进虫口的高度，苗期高出植株顶部15 cm~20 cm，生长中后期高出地面1 m~1.5 m。

### 5.3.5　地膜覆盖

覆盖黑色或银黑双色地膜，银色朝上驱避蓟马、蚜虫等害虫，防止蓟马、斑潜蝇等落土化蛹或阻止土中害虫蛹羽化，黑色朝下防治杂草，四周用土封严盖实。优先选用可降解地膜。

## 5.4　科学用药

### 5.4.1　通则

科学选择高效、低毒、低残留农药。根据病虫发生情况，及时精准用药防治。按农药标签控制用药剂量和用药次数，严格遵守安全间隔期，轮换使用不同作用机制的农药，不能使用国家禁限用农药。使用农药应符合 GB/T 8321、NY/T 1276 的规定。

害虫始发期或轻度发生区，优先采用生物农药进行防治；害虫始盛期或中度发生区，害虫发生高峰期或重度常发区，采用生物农药与化学农药复配进行防治。

豇豆主要病虫害及部分登记农药参见附录 A。

### 5.4.2　种子处理

针对病虫靶标选用农药，采用包衣种子、拌种等方法进行种子处理，防治豇豆幼苗期种传、土传病害、地下害虫等。

### 5.4.3　苗期喷淋（灌根）处理

蓟马、粉虱发生严重的地块，使用噻虫嗪等内吸性杀虫剂，在幼苗期进行灌根处理。按 NY/T 3637 的要求进行。

### 5.4.4　免疫诱抗

苗期、伸蔓期、开花结荚期喷施氨基寡糖素等免疫诱抗剂。

### 5.4.5　严格采收期用药

采收期优先使用天敌控制和生物农药，不可使用安全间隔期超过 3 d 的农药。

## 6　施药防护

田间喷药作业时，应采取佩戴防护口罩、手套、防护服等必要的安全防护措施。避免逆风或高温时段喷药作业，对施药周边有养蜂、养鱼和养蚕的，应采取避害措施。

## 7　建立安全生产管理档案

对豇豆的生产过程，应建立农药使用档案，详细记录农药来源、农药名称（包括商标名、有效成分、登记证号）、规格、采购数量、使用地点、防治对象、施用浓度、施用方法、施药时间、用药次数、安全间隔期、操作员和技术负责人等。重点监控是否使用了禁限用农药，是否有超剂量、超次数用药，是否符合安全间隔期的要求等情况。记录档案保存 2 年以上。

## 附录 A
### （规范性）
### 豇豆主要病虫害及部分登记农药

豇豆主要病害及部分登记农药参见表 A.1，主要害虫及部分登记农药参见表 A.2。

表 A.1 豇豆主要病害及部分登记农药

| 病害及病原菌名称（拉丁学名） | 登记农药 | 每 667m² 制剂施用量 | 安全间隔期 d | 每季最多使用次数 | 使用方法 |
|---|---|---|---|---|---|
| 锈病单胞锈菌 *Uromyces vignae* | 50％硫磺·锰锌可湿性粉剂 | 250 g～280 g | 3 | 3 | 喷雾 |
| | 29％吡萘·嘧菌酯悬浮剂 | 45 mL～60 mL | 3 | 3 | 喷雾 |
| | 20％噻呋·吡唑酯悬浮剂 | 40 mL～50 mL | 3 | 3 | 喷雾 |
| | 40％腈菌唑可湿性粉剂 | 13 g～20 g | 5 | 3 | 喷雾 |
| | 325 g/L 苯甲·嘧菌酯悬浮剂 | 40 mL～60 mL | 7 | 3 | 喷雾 |
| 白粉病蓼白粉菌 *Erysiphe polygoni* | 0.4％蛇床子素可溶液剂 | 600 倍液～800 倍液 | 1 | 3 | 喷雾 |
| | 9％吡萘·嘧菌酯悬浮剂 | 45 mL～60 mL | 3 | 3 | 喷雾 |
| | 40％腈菌唑可湿性粉剂 | 13 g～20 g | 5 | 3 | 喷雾 |
| 炭疽病菜豆刺盘孢菌 *Colletotrichum lindemuthianum* | 40％腈菌唑可湿性粉剂 | 13 g～20 g | 5 | 3 | 喷雾 |
| | 325 g/L 苯甲·嘧菌酯悬浮剂 | 40 mL～60 mL | 7 | 3 | 喷雾 |
| | 43％氟菌·肟菌酯悬浮剂 | 20 mL～30 mL | 3 | 2 | 喷雾 |
| 灰霉病灰葡萄孢菌 *Botrytis cinerea* | 43％氟菌·肟菌酯悬浮剂 | 20 mL～30 mL | 3 | 2 | 喷雾 |

根据病害发生的情况选用 1 种～3 种农药进行防治，适时更新选用登记农药，注意轮换使用不同作用机制的农药。

## 表 A.2 豇豆主要害虫及部分登记农药

| 害虫名称（拉丁学名） | 登记农药 | 每 667 $m^2$ 制剂施用量 | 安全间隔期 d | 每季最多使用次数 | 使用方法 |
|---|---|---|---|---|---|
| 美洲斑潜蝇 Liriomyza sativae 三叶斑潜蝇 Liriomyza trifolii 南美斑潜蝇 Liriomyza huidobrensis | 60 g/L 乙基多杀菌素悬浮剂 | 50 mL～58 mL | 3 | 2 | 喷雾 |
| | 1.8%阿维菌素乳油 | 40 mL～80 mL | 3 | 2 | 喷雾 |
| | 3.2%阿维菌素乳油 | 22.5 mL～45 mL | 5 | 3 | 喷雾 |
| | 10%溴氰虫酰胺可分散油悬浮剂 | 14 mL～18 mL | 3 | 3 | 喷雾 |
| | 30%灭蝇胺可湿性粉剂 | 40 g～45 g | 7 | 2 | 喷雾 |
| | 31%阿维·灭蝇胺悬浮剂 | 22 mL～27 mL | 7 | 2 | 喷雾 |
| | 20%阿维·杀虫单微乳剂 | 50 mL～70 mL | 5 | 3 | 喷雾 |
| | 60%灭胺·杀虫单可溶粉剂 | 25 g～35 g | 5 | 2 | 喷雾 |
| 豆大蓟马 Megalurothrips usitatus 西花蓟马 Frankliniella occidentalis 棕榈蓟马 Thrips palmi 黄胸蓟马 Thrips hawaiiensis | 100 亿孢子/g 金龟子绿僵菌油悬浮剂 | 25 g～35 g | 1 | — | 喷雾 |
| | 80 亿孢子/mL 金龟子绿僵菌 CQMa421 可分散油悬浮剂 | 60 mL～90 mL | 1 | — | 喷雾 |
| | 0.5%苦参碱水剂 | 90 mL～120 mL | 1 | 1 | 喷雾 |
| | 10%多杀霉素悬浮剂 | 12.5 mL～15 mL | 5 | 1 | 喷雾 |
| | 25%噻虫嗪水分散粒剂 | 15 g～20 g | 3 | 1 | 喷雾 |
| | 10%溴氰虫酰胺可分散油悬浮剂 | 33.3 mL～40 mL | 3 | 1 | 喷雾 |
| | 10%啶虫脒乳油 | 30 mL～40 mL | 3 | 1 | 喷雾 |
| | 30%虫螨·噻虫嗪悬浮剂 | 30 mL～40 mL | 5 | 1 | 喷雾 |
| | 45%吡虫啉·虫螨腈悬浮剂 | 15 mL～20 mL | 5 | 1 | 喷雾 |
| | 5%甲氨基阿维菌素苯甲酸盐微乳剂 | 3.5 mL～4.5 mL | 5 | 2 | 喷雾 |
| | 2%甲氨基阿维菌素苯甲酸盐微乳剂 | 9 mL～12 mL | 7 | 1 | 喷雾 |
| 斜纹夜蛾 Spodoptera litura | 16 000 IU/mg 苏云金杆菌可湿性粉剂 | 200 g～250 g | 1 | — | 喷雾 |
| | 1%苦皮藤素水乳剂 | 90 mL～120 mL | 10 | 2 | 喷雾 |
| | 30%茚虫威水分散粒剂 | 6 g～9 g | 3 | 1 | 喷雾 |
| | 50 g/L 虱螨脲乳油 | 40 mL～50 mL | 7 | 3 | 喷雾 |
| | 4.5%高效氯氰菊酯乳油 | 30 mL～40 mL | 3 | 1 | 喷雾 |
| | 5%甲氨基阿维菌素苯甲酸盐微乳剂 | 3.5 mL～4.5 mL | 5 | 2 | 喷雾 |

（续）

| 害虫名称<br>（拉丁学名） | 登记农药 | 每667m²制剂<br>施用量 | 安全<br>间隔期<br>d | 每季最<br>多使用<br>次数 | 使用<br>方法 |
|---|---|---|---|---|---|
| 甜菜夜蛾<br>*Spodoptera*<br>*exigua* | 80亿孢子/mL金龟子绿僵菌<br>CQMa421可分散油悬浮剂 | 40 mL～60 mL | 1 | — | 喷雾 |
| | 30亿PIB/mL甜菜夜蛾核<br>型多角体病毒悬浮剂 | 20 mL～30 mL | 1 | — | 喷雾 |
| | 4.5%高效氯氰菊酯乳油 | 30 mL～40 mL | 3 | 1 | 喷雾 |
| | 50 g/L虱螨脲乳油 | 40 mL～50 mL | 7 | 3 | 喷雾 |
| 豇豆荚螟<br>*Maruca*<br>*testulalis* | 32 000IU/mg苏云金杆菌<br>可湿性粉剂 | 75 g～100 g | 1 | — | 喷雾 |
| | 30%茚虫威水分散粒剂 | 6 g～9 g | 3 | 1 | 喷雾 |
| | 25%乙基多杀菌素水分散粒剂 | 12 g～14 g | 7 | 2 | 喷雾 |
| | 4.5%高效氯氰菊酯乳油 | 30 mL～40 mL | 3 | 1 | 喷雾 |
| | 10%溴氰虫酰胺可<br>分散油悬浮剂 | 14 mL～18 mL | 3 | 3 | 喷雾 |
| | 5%氯虫苯甲酰胺悬浮剂 | 30 mL～60 mL | 5 | 2 | 喷雾 |
| | 14%氯虫·高氯氟微<br>囊悬浮—悬浮剂 | 10 mL～20 mL | 5 | 2 | 喷雾 |
| | 5%甲氨基阿维菌素<br>苯甲酸盐微乳剂 | 3.5 mL～4.5 mL | 5 | 2 | 喷雾 |
| | 50 g/L虱螨脲乳油 | 40 mL～50 mL | 7 | 3 | 喷雾 |
| | 2%甲氨基阿维菌素<br>苯甲酸盐微乳剂 | 9 mL～12 mL | 7 | 1 | 喷雾 |
| 豆蚜<br>*Aphis*<br>*craccivora* | 80亿孢子/mL金龟子绿僵菌<br>CQMa421可分散油悬浮剂 | 40 mL～60 mL | 1 | — | 喷雾 |
| | 1.5%苦参碱可溶液剂 | 30 mL～40 mL | 10 | 1 | 喷雾 |
| | 0.5%苦参碱水剂 | 90 mL～120 mL | 1 | 1 | 喷雾 |
| 豆蚜<br>*Aphis*<br>*craccivora* | 50 g/L双丙环虫酯可分散液剂 | 10 mL～16 mL | 3 | 2 | 喷雾 |
| | 10%溴氰虫酰胺可<br>分散油悬浮剂 | 33.3 mL～40 mL | 3 | 3 | 喷雾 |
| | 14%氯虫·高氯氟微<br>囊悬浮-悬浮剂 | 10 mL～20 mL | 5 | 2 | 喷雾 |

（续）

| 害虫名称<br>（拉丁学名） | 登记农药 | 每 667m² 制剂<br>施用量 | 安全<br>间隔期<br>d | 每季最<br>多使用<br>次数 | 使用<br>方法 |
|---|---|---|---|---|---|
| 烟粉虱<br>*Bemisia*<br>*tabaci*<br>白粉虱<br>*Trialeurodesva*<br>*porariorum* | 25％噻虫嗪水分散粒剂 | 10 g～12 g | 3 | 1 | 喷雾 |
| | 10％溴氰虫酰胺可<br>分散油悬浮剂 | 43 mL～57 mL | 3 | 3 | 喷雾 |
| | 10％啶虫脒乳油 | 30 mL～40 mL | 3 | 1 | 喷雾 |
| | 50 g/L 双丙环虫酯可分散液剂 | 10 mL～16 mL | 3 | 2 | 喷雾 |
| | 4.5％高效氯氰菊酯乳油 | 30 mL～40 mL | 3 | 1 | 喷雾 |
| | 3.2％阿维菌素乳油 | 22.5 mL～45 mL | 5 | 3 | 喷雾 |
| | 5％甲氨基阿维菌<br>素苯甲酸盐微乳剂 | 3.5 mL～4.5 mL | 5 | 1 | 喷雾 |
| 朱砂叶螨<br>*Tetranychuscin*<br>*nabarinus* | 1.5％苦参碱可溶液剂 | 30 mL～40 mL | 10 | 1 | 喷雾 |
| | 0.5％苦参碱水剂 | 90 mL～120 mL | 1 | 1 | 喷雾 |
| | 1.8％阿维菌素微乳剂 | 40 mL～80 mL | 3 | 2 | 喷雾 |
| | 3.2％阿维菌素乳油 | 22.5 mL～45 mL | 5 | 3 | 喷雾 |
| | 4.5％高效氯氰菊酯乳油 | 30 mL～40 mL | 3 | 1 | 喷雾 |

　　根据害虫发生的情况选用 1 种～3 种农药进行防治，适时更新选用登记农药，注意轮换使用不同作用机制的农药。

# 附录 2 蔬菜地防虫网应用技术规程

## (NY/T 4449—2023)

## 1 范围

本文件规定了蔬菜地防虫网的应用方式、选网、安装、种植准备和维护等要求。

本文件适用于蔬菜地防虫网的应用。

## 2 规范性引用文件

本文件没有规范性引用文件。

## 3 术语和定义

下列术语和定义适用于本文件。

### 3.1

**防虫网 insect-proof net**

采用聚乙烯等材料经拉丝编织而成的具有不同孔径、网孔为正方孔或长方孔的网状织物,具有阻隔害虫和防止网内益虫逃出的功能。

### 3.2

**目数 mesh count**

每 25.4 mm(1 inch)长度的网丝上一行连续数出的网孔数目。目数分经目和纬目,经目为经丝(纵向分布、排列的网丝)的目数,纬目为纬丝(横向分布、排列的网丝)的目数。

### 3.3

**孔径 mesh diameter**

单个网孔的最长边长。

## 4 应用方式

### 4.1 骨架覆盖

a) 全覆盖:在设施等骨架的顶部和四周全覆盖防虫网。

b) 局部覆盖:在设施等骨架的顶部覆盖塑料薄膜,四周覆盖防虫网;或在玻璃、阳光板温室的天窗、侧窗、风机、水幕、出入口安装防虫网，在日光温室、塑料拱棚的上下通风口、出入口安装防虫网。

### 4.2 漂浮覆盖

宜应用在速生叶菜类等矮生蔬菜种植中，不用骨架支撑在垄面和四周直接铺盖防虫网，网四周用土压严盖实、网面保持宽松预留蔬菜生长空间。

## 5 选网

### 5.1 总则

根据不同地区、用途、季节、气候和主要防治害虫的大小和生物学特性，以及蔬菜作物对温湿度的适应性，选用适宜的防虫网，包括材料、颜色、丝径、孔径、目数等。

### 5.2 材料

防虫网的生产材料包括聚乙烯、聚丙烯、尼龙网、不锈钢等，蔬菜生产宜选用聚乙烯防虫网。

### 5.3 颜色

蔬菜生产宜选用白色防虫网，育苗或避蚜为主宜选用银灰色防虫网。

### 5.4 丝径

防虫网丝径一般为 0.10 mm～0.18 mm，常规丝径 0.16 mm。在同等条件下，丝径粗的防虫网不易变形、使用寿命长、抗风能力强，丝径细的防虫网通风透光性好，因地制宜选用适宜的丝径。

### 5.5 孔径

按公式（1）计算。

$$w = \frac{l}{n} - d \quad \cdots\cdots\cdots\cdots\cdots\cdots\cdots\cdots\cdots\cdots\cdots \quad (1)$$

式中：

$w$ ——孔径的数值，单位为毫米（mm）；

$l$ ——1 英寸长度，25.4 毫米（mm）；

$n$ ——目数的数值，单位为目（个）；

$d$ ——丝径的数值，单位为毫米（mm）。

注：长方孔防虫网的经目、纬目不同，取最小目数；正方孔防虫网的经目、纬目相同，取任一目数。

### 5.6 目数

根据当地系统监测害虫发生情况，宜结合发生优势种群选用防虫网目数。防治部分蔬菜重要害虫的防虫网（丝径 0.16 mm）的适宜目数及孔径见附录 A，其他丝径的防虫网按本文件规定计算不同目数的孔径后，宜对照附录 A 的成虫体宽和防治适宜孔径，选用对应丝径防虫网的适宜目数。

## 6　安装

### 6.1　安装适期

设施等高骨架覆盖宜在蔬菜种植前安装防虫网，低矮骨架覆盖、漂浮覆盖宜在蔬菜种植后覆网。

### 6.2　安装方法

防虫网与周边覆盖物叠压、卡紧并拢，安装后平整无褶皱且无缝隙。顶部防虫网或塑料薄膜外部宜用压膜卡、压膜带加固，四周防虫网用卡簧固定在边柱的卡槽中并向下延伸 0.5 m～1 m 入土。按起垄方向，在棚顶骨架加用塑钢线支撑顶部防虫网或塑料薄膜。

## 7　种植准备

种植前，清除杂草、清洁田园、深翻土壤 30 cm 并晾晒 5 d～7 d。根据病虫害的发生情况进行网内消毒，选用金龟子绿僵菌、球孢白僵菌颗粒剂等药剂处理土壤，防治地下害虫和蓟马蛹等害虫；选用木霉菌、芽孢杆菌等菌剂处理土壤，防治土传病害；选用高效低毒的对路药剂对网上和地面进行 1 次～2 次喷雾或在温室、塑料拱棚等设施内部进行高温闷棚消毒，消杀害虫、虫卵、病菌。

## 8　维护

适时使用清水清洗、冲刷、清洁防虫网，及时修补破损的防虫网，更换严重变形的防虫网。阶段性使用的防虫网，用完可拆卸、清洗、晾干、叠收和避光保存。

# 附录 A
## （资料性）
## 防治部分蔬菜重要害虫的防虫网适宜目数及孔径

防治部分蔬菜重要害虫的防虫网适宜目数及孔径见表 A.1。

**表 A.1　防治部分蔬菜重要害虫的防虫网适宜目数及孔径**

| 害虫类别 | 害虫名称 | 成虫体长（mm） | 成虫体宽（mm） | 适宜目数（目） | 适宜孔径（mm） | 主要危害蔬菜种类 |
| --- | --- | --- | --- | --- | --- | --- |
| 蓟马类 | 瓜蓟马 Thrips palmi | 0.80~1.00 | | | | |
| | 茶黄蓟马 Scirtothrips dorsalis | 0.80~0.90 | 0.16~0.22 | 80 | 0.16 | 茄子、辣椒、番茄、黄瓜、丝瓜、南瓜、苦瓜、甜瓜、菠菜、茼蒿、毛节瓜、豇豆、玉米、黄秋葵等 |
| | 黄蓟马 Thrips flavus | 1.00~1.10 | | | | |
| | 西花蓟马 Frankliniella occidentalis | 1.20~1.30 | 0.18~0.25 | 80 | 0.16 | 辣椒、黄瓜、青瓜、毛节瓜、茄子、南瓜、苦瓜、黄秋葵、番茄、豇豆、冬瓜、水瓜、四季豆、胡萝卜、洋葱等 |
| | 花蓟马 Frankliniella intonsa | 1.30~1.40 | | | | |
| | 烟蓟马 Thrips tabaci | 1.20~1.40 | 0.17~0.25 | 80 | 0.16 | 葱、大葱、洋葱、韭菜等 |
| | 豆大蓟马 Megalurothrips usitatus | 1.40~1.60 | 0.48~0.69 | 40~60 | 0.26~0.48 | 豇豆、四季豆、菜豆、豌豆、蚕豆、扁豆、四棱豆等 |
| 粉虱类 | 温室白粉虱 Trialeurodes vaporariorum | 1.00~1.50 | 0.45~0.65 | 45~50 | 0.35~0.40 | 茄子、辣椒、番茄、黄瓜、南瓜、甜瓜、豇豆、甘蓝、花椰菜等 |
| | 烟粉虱 Bemisia tabaci | 0.85~0.91 | 0.30~0.50 | 55~60 | 0.26~0.30 | 茄子、辣椒、番茄、黄瓜、南瓜、甜瓜、豇豆、甘蓝、花椰菜等 |

（续）

| 害虫类别 | 害虫名称 | 成虫体长（mm） | 成虫体宽（mm） | 适宜目数（目） | 适宜孔径（mm） | 主要危害蔬菜种类 |
|---|---|---|---|---|---|---|
| 蚜虫类 | 瓜蚜 Aphis gossypii | 1.20~1.90 | 0.35~0.48 | 50~55 | 0.30~0.35 | 黄瓜、南瓜、西葫芦、茄子、辣椒、洋葱、芦笋等 |
| | 菜蚜 Lipaphis erysimi | 1.80~2.60 | 0.56~2.20 | 40~45 | 0.40~0.48 | 芹菜、菠菜、萝卜、甘蓝、白菜、辣椒、茄子等 |
| 潜叶蝇类 | 南美斑潜蝇 Liriomyza huidobrensis | 1.30~2.10 | 0.60~0.72 | 35~40 | 0.48~0.57 | 芹菜、生菜、莴苣、菠菜、黄瓜、蚕豆等 |
| | 三叶草斑潜蝇 Liriomyza trifolii | 1.60~2.30 | 0.60~0.75 | 35~40 | 0.48~0.57 | 番茄、茄子、马铃薯、豌豆、菜豆、甘蓝、白菜、茼蒿、黄瓜、花椰菜、辣椒等 |
| | 番茄斑潜蝇 Liriomyza bryoniae | 2.00~2.50 | 0.65~0.78 | 35~40 | 0.48~0.57 | 芥菜、白菜、油菜、番茄、甘蓝、花椰菜、萝卜等 |
| | 葱斑潜蝇 Liriomyza chinensis | 2.00~2.50 | 0.65~0.78 | 35~40 | 0.48~0.57 | 大葱、韭菜、洋葱、大蒜等 |
| | 美洲斑潜蝇 Liriomyza sativae | 1.30~1.80 | 0.72~0.75 | 30~40 | 0.48~0.69 | 菜豆、豇豆、黄瓜、西葫芦、番茄等 |
| | 豌豆彩潜蝇 Chromatomyia horticola | 1.80~2.70 | 0.75~0.78 | 30~40 | 0.48~0.69 | 莴苣、生菜、豌豆、油菜、花椰菜等 |
| | 菠菜潜叶蝇 Pegomyia exilis | 4.00~6.10 | 1.51~2.28 | 25~30 | 0.69~0.86 | 菠菜、甜菜、萝卜等 |
| 跳甲类 | 黄条跳甲 Phyllotreta sp. | 1.80~3.00 | 1.2~2.10 | 30~35 | 0.57~0.69 | 甘蓝、花椰菜、白菜、萝卜、芥菜、油菜等 |
| 守瓜类 | 黑足黄守瓜 Aulacophora nigripennis | 5.50~7.00 | 1.50~2.50 | 25~30 | 0.69~0.86 | 苦瓜、丝瓜、黄瓜等瓜类 |
| | 黄足黄守瓜 Aulacophora femoralis | 7.50~9.00 | 1.82~3.45 | 25~30 | 0.69~0.86 | 黄瓜、丝瓜、苦瓜、豇豆、菜豆、茄子等 |

（续）

| 害虫类别 | 害虫名称 | 成虫体长（mm） | 成虫体宽（mm） | 适宜目数（目） | 适宜孔径（mm） | 主要危害蔬菜种类 |
|---|---|---|---|---|---|---|
| 实蝇类 | 瓜实蝇 Dacus cucurbitae | 8.00~9.00 | 2.20~3.50 | 20~25 | 0.86~1.11 | 苦瓜、节瓜、冬瓜、黄瓜等 |
| | 番茄潜叶蛾 Tuta absoluta | 5.00~7.00 | 2.00~4.10 | 20~25 | 0.86~1.11 | 番茄、茄子、马铃薯等 |
| | 小菜蛾 Plutella xylostella | 6.00~7.00 | 2.00~4.30 | 20~25 | 0.86~1.11 | 甘蓝、花椰菜、大白菜、萝卜、菜薹、芥菜、油菜等 |
| | 菜螟 Hellula undalis | 6.00~7.00 | 2.00~4.40 | 20~25 | 0.86~1.11 | 白菜、甘蓝、萝卜、芥菜、菠菜等 |
| | 甜菜夜蛾 Spodoptera exigua | 8.00~9.00 | 2.20~4.40 | 20~25 | 0.86~1.11 | 大葱、甘蓝、茄子、辣椒、豇豆、芹菜、胡萝卜等 |
| | 瓜绢螟 Diaphania indica | 10.00~11.00 | 2.40~4.60 | 20~25 | 0.86~1.11 | 黄瓜、丝瓜、苦瓜、节瓜、西葫芦等 |
| 鳞翅目类 | 豇豆荚螟 Maruca testulalis | 10.00~13.00 | 2.40~5.00 | 20~25 | 0.86~1.11 | 豇豆、菜豆、扁豆等 |
| | 棉铃虫 Helicoverpa armigera | 14.00~15.00 | 3.20~5.50 | 20~25 | 0.86~1.11 | 番茄、西葫芦、菜豆、豌豆、甘蓝、大葱、韭菜等 |
| | 烟青虫 Helicoverpa assulta | 14.00~15.00 | 3.20~5.50 | 20~25 | 0.86~1.11 | 辣椒、苋菜、豌豆、甘蓝、南瓜、洋葱、扁豆等 |
| | 斜纹夜蛾 Spodoptera litura | 14.00~20.00 | 3.20~6.60 | 20~25 | 0.86~1.11 | 甘蓝、青菜、大白菜、茄子、辣椒、番茄、菜豆、豇豆等 |
| | 菜粉蝶 Pieris rapae | 15.00~20.00 | 3.30~6.80 | 20~25 | 0.86~1.11 | 甘蓝、芥蓝、花椰菜、青花菜、大白菜、萝卜等 |
| | 甘蓝夜蛾 Mamestra brassicae | 15.00~25.00 | 3.20~7.00 | 20~25 | 0.86~1.11 | 甘蓝、白菜、油菜、萝卜、菠菜、甜菜、甜椒、番茄、胡萝卜等 |

注：表中害虫尺寸为参考值，具体应根据当地害虫成虫的生长情况确定。

# 附录3 农产品全产业链生产规范 豇豆

## (DB46/T 596—2023)

## 1 范围

本文件规定了豇豆（*Vigna unguiculata*（Linn.）Walp.）的产地环境、投入品管理、种子、健康栽培、病虫害绿色防控、采收和采后商品化处理、质量要求、包装与标识、贮藏与运输、生产档案管理、产品检测与准出管理、溯源管理、网格化管理、农业社会化服务、品牌建设、生产技术流程图等要求。

本文件适用于海南省豇豆全产业链生产管理。

## 2 规范性引用文件

下列文件中的内容通过文中的规范性引用而构成本文件必不可少的条款。其中，注日期的引用文件，仅该日期对应的版本适用于本文件；不注日期的引用文件，其最新版本（包括所有的修改单）适用于本文件。

GB 2762 食品安全国家标准 食品中污染物限量

GB 2763 食品安全国家标准 食品中农药最大残留限量

GB 3095 环境空气质量标准

GB 5084 农田灌溉水质标准

GB/T 8321（所有部分） 农药合理使用准则

GB 15618 土壤环境质量农用地土壤污染风险管理（试行）

GB/T 17419 含有机质叶面肥料

GB/T 17420 微量元素叶面肥料

GB 38400 肥料中有毒有害物质的限量要求

NY/T 496 肥料合理使用准则 通则

NY/T 525 有机肥料

NY/T 762 蔬菜农药残留检测抽样规范

NY/T 789 农药残留分析样本的采样方法

NY/T 798 复合微生物肥料

NY/T 1276 农药安全使用规范总则

NY/T 2103 蔬菜抽样技术规范

SB/T 10158　新鲜蔬菜包装与标识

# 3　术语和定义

下列术语和定义适用于本文件。

3.1

**健康栽培 healthy cultivation**

协调品种、种植密度、水肥等农艺措施，使豇豆植株生长健壮，提高抗逆性，减轻病虫害的发生。

3.2

**病虫害绿色防控 environmental friendly control of diseases and insect pests**

协调农业防治、生物防治、理化诱控和科学用药等环境友好型技术，以控制农作物有害生物的有效行为。

3.3

**专业化统防统治 the professional pest control system for large-scale pest prevention**

具备植物保护专业技术人员和相应设备的服务组织，开展社会化、规模化和集约化防治农作物病虫害的行为。

# 4　产地环境

应符合 GB 3095、GB 5084 和 GB 15618 的规定。以土层深厚、疏松肥沃、有机质含量高、排水良好、中性或偏酸性的壤土或沙壤土，前茬为非豆科作物的地块为宜。

# 5　投入品管理

## 5.1　基本要求

农业投入品的选择、使用和管理应遵守以下规定：

——应选购具有合格证明的农药、肥料、种子、农膜等农业投入品，购买时检验投入品的产品批号、标签标识，不应采购"三无"（无生产厂家、无生产日期、无产品批准文号）、质量差、批准文号过期的投入品，购买后应索取并保存购买凭证或发票，采购数量较大时宜签订采购协议；

——禁止购买、使用、储存国家和海南省禁用的农业投入品；

——变质或过期的投入品要做好标识，隔离禁用并安全处置；

——做好农业投入品使用管理档案记录。

## 5.2　肥料

肥料中的有害有毒物质的限量应符合 GB 38400 的规定。肥料使用按照

NY/T 496 的规定执行，有机肥应符合 NY/T 525 的规定，微生物肥料应符合
NY/T 798 的规定，叶面肥应符合 GB/T 17419 和 GB/T 17420 的规定。

## 5.3　农药

实行实名制购买农药，对零售药店的豇豆常用农药抽样送检；加强对农药
销售企业和经营门店管理，严格落实农药购销台账记录，记录购买者、销售日
期和药品施用范围等内容；农药废弃物、包装集中回收处理。遵守 GB/T 8321
（所有部分）、NY/T 1276 和《海南省经济特区禁止生产运输储存销售使用农
药名录》的规定。

## 5.4　其他

包括地膜、防草布、纸箱、泡沫箱、塑料膜、冰袋等，按照国家和行业标
准采购，使用前后不得随意丢弃，回收处置前应妥善收集保管。

# 6　种子

选用高产优质、耐贮存、商品性好、满足市场需求的抗（耐）病虫和抗逆
性强的品种。春冬季栽培宜选耐寒性强的品种如华赣系列、农望系列、汕头美
绿豆角、南豇 1 号等；夏秋季栽培宜选抗热耐湿的品种如金马豆、广秀白、马
来西亚特长白仁、翠绿影帝、海豇 3 号等。种子纯度≥94％，净度≥98％，发
芽率≥85％，水分≤12％。

注：豇豆品种更新换代快，根据市场情况和需求适时选用新品种进行
种植。

# 7　健康栽培

## 7.1　栽培时期

全年可栽培，以 9 月至翌年 2 月播种为宜。

## 7.2　翻耕晒垡

播种前，深翻土壤 30 cm，晾晒 15 d～20 d。

## 7.3　合理轮作

宜采用豇豆与水稻水旱轮作或非豆科类作物轮作。

## 7.4　施足基肥

每亩施用商品有机肥 500 kg～1 000 kg、三元复合肥（15-15-15）或（17-
17-17）30 kg～50 kg、生物菌肥 5 kg～10 kg 充分拌匀作基肥，在畦中开沟埋
施后覆土。

## 7.5　深沟高畦

双行种植畦宽 80 cm～90 cm，单行种植畦宽 30 cm～40 cm。畦高 20 cm～
30 cm，沟宽 30 cm～40 cm，畦面呈龟背状。

## 7.6 水肥一体化

提倡采用膜下滴灌等水肥一体化技术。

## 7.7 覆盖地膜

双行种植覆盖 120 cm～140 cm 地膜，单行种植覆盖 50 cm～60 cm 地膜。宜选用银黑或银灰双色地膜，银色朝上，四周用土封严盖实。

## 7.8 种植规格和密度

根据品种、气候、种植季节和栽培模式进行合理密植。露天栽培每亩 4 000～4 500 穴，穴距 25 cm～30 cm；防虫网大棚栽培每亩 3 500～4 000 穴，穴距 30 cm～35 cm。

## 7.9 播种

宜在晴天上午 10 点前或下午 4 点后或阴天直播。每亩直播种子 1.5 kg～2.0 kg，每穴直播 2～4 粒，穴深 2 cm～3 cm。

## 7.10 补苗、间苗、定苗

幼苗第一对真叶微展时查苗补缺。拔除枯死苗、病弱苗及时补种，保证全苗；在苗期 1 叶 1 心至 2 叶 1 心时进行间苗。苗期 3～4 片叶时，每穴定苗 1～3 株。

## 7.11 水分管理

出苗后 3 d～5 d 浇水 1 次。结荚前控水，保持土壤偏干；第一花序豆荚坐稳后，保持肥水充足供应，高温天气及时补水，土壤湿度以 60%～70% 为宜。雨后清沟排水，注意防涝。

## 7.12 追肥管理

追肥方案见表 1。

表 1　追肥施用一览表

| 时期 | 时间点 | 施肥方法 | 次数 |
|---|---|---|---|
| 苗期 | — | 以蹲苗为主，正常情况下不宜追肥 | — |
|  | 苗长势弱时 | 每亩每次随水追施三元复合肥（15-15-15）或（17-17-17）3 kg～5 kg | 1～2 次，间隔 7 d～10 d |
|  | 天气降温前 | 叶面喷施氨基酸、腐殖酸等有机叶面肥 | 2～3 次，间隔 7 d～10 d |
| 开花结荚期 | 花芽开始分化时 | 叶面喷施 0.3% 磷酸二氢钾溶液 | 5～8 次，间隔 7 d～10 d |
|  |  | 叶面喷施 0.2% 硼肥和 0.1% 钼肥 | 2～3 次，间隔 10 d～15 d |
|  |  | 叶面喷施赤·吲乙·芸苔或复硝酚钠等植物生长调节剂 | 2～3 次，间隔 10 d～15 d |

（续）

| 时期 | 时间点 | 施肥方法 | 次数 |
|---|---|---|---|
| 开花结荚期 | 第一花序豆荚坐稳后 | 每亩每次随水追施三元复合肥（15-15-15）或（17-17-17）7 kg～10 kg | 1 次 |
| | 主蔓上约三分之二花序开花 | 每亩每次随水追施三元复合肥（15-15-15）或（17-17-17）7 kg～10 kg | 1 次 |
| | 采收盛期 | 每亩每次随水追施三元复合肥（15-15-15）或（17-17-17）8 kg～10 kg、硫酸钾镁肥 3 kg | 4～6 次，间隔 5 d～7 d |

### 7.13 搭架引蔓

植株长到 5～6 片叶时，双行种植用竹子、木棍搭人字形架，单行种植用竹木立柱固定平网搭架，架高 2 m～2.2 m。抽蔓后及时引蔓上架。

### 7.14 整枝打杈

主蔓第一节花序以下的侧芽长到 3 cm 时抹去侧芽；主蔓第一节花序以上各节位的侧蔓留 2～3 片叶后摘心；主蔓长到 2.2 m 时摘心封顶；生长盛期，分批剪除下部老枝老叶。

### 7.15 中耕除草与培土

苗出齐后至开花结荚前，每隔 7 d～10 d 对畦面和沟边进行 1 次中耕除草，覆膜栽培清除沟边杂草，人工拔除定植穴杂草，并对根部培土。

## 8 病虫害绿色防控

### 8.1 防控原则

贯彻"预防为主，综合防治"的植保方针。推广以"农业防治、物理防治、生物防治为先导，环境友好型农药防治相协调"的绿色防控技术。

### 8.2 防治对象

主要病害：根腐病、枯萎病、锈病、白粉病、炭疽病、细菌性疫病、轮纹病、病毒病、媒霉病等。

主要害虫：蓟马、潜叶蝇、豇豆荚螟、甜菜夜蛾、斜纹夜蛾、蚜虫、叶螨等。

### 8.3 防控技术

### 8.3.1 农业防治

### 8.3.1.1 土壤消毒

对土传病害发生较多的地块，宜在夏秋季休闲时期，选用威百亩、棉隆等土壤熏蒸剂进行土壤覆膜消毒，严格按熏蒸剂标签操作。土壤消毒结束后旋耕晾晒 20 d 以上，施足有机肥和生物菌剂后进行种植。

#### 8.3.1.2 种植蜜源植物

在地块周边种植一定数量的蜜源植物如十字花科蔬菜等,涵养和保护利用自然天敌。

#### 8.3.1.3 清洁田园

及时清理田间残株败叶、落花落荚、杂草,集中深埋或堆沤处理。

### 8.3.2 生物防治

#### 8.3.2.1 施用生物制剂

##### 8.3.2.1.1 防治蓟马

播种前,每亩使用金龟子绿僵菌颗粒剂 5 kg～10 kg 兑细土在畦面均匀撒施后打湿、覆膜;苗期开始,根据虫情连续使用金龟子绿僵菌与化学农药复配进行防治。

##### 8.3.2.1.2 防控土传病害

播种前,选用木霉菌、芽孢杆菌等生物菌剂进行土壤处理;发病初期,选用枯草芽孢杆菌、多粘类芽孢杆菌等生物菌剂和抗生素类农药进行复配灌根、喷雾。

##### 8.3.2.1.3 养护根系

高温、干旱、寒冷等恶劣天气变化后可使用枯草芽孢杆菌和鱼蛋白等生根剂进行灌根,宜在天气晴朗、地面较为干燥、气温不低于 15 ℃ 或不高于 32 ℃ 时灌根。

#### 8.3.2.2 人工释放天敌

苗期喷施生物农药压低虫源基数,施药 7 d 后棚内释放海岛小花蝽、巴氏新小绥螨等天敌防治蓟马、叶螨。

### 8.3.3 理化诱控

#### 8.3.3.1 防虫网阻隔

搭建防虫网棚,根据不同气候条件选用国家标准的 40～80 目白色防虫网进行全封闭阻隔种植豇豆。

#### 8.3.3.2 灯光诱杀

利用灯光诱杀斜纹夜蛾、甜菜夜蛾等鳞翅目害虫和蝼蛄等地下害虫,每 20～30 亩架设诱虫灯 1 台,悬挂高度 2 m 左右。每天黄昏时开灯,次日清晨关灯。

#### 8.3.3.3 诱虫板诱杀

使用黄板诱杀潜叶蝇、粉虱、蚜虫等害虫,使用蓝板诱杀蓟马等害虫,每亩使用黄蓝板各 15～20 张。苗期诱虫板高出植株 15 cm～20 cm,生长中后期悬挂于植株中上部离地面约 1.5 m。优先使用安全可降解诱虫板并及时更换。

#### 8.3.3.4　昆虫信息素诱杀

根据虫情，每亩选用斜纹夜蛾、甜菜夜蛾和豇豆荚螟等性信息素诱捕器3～5套诱杀或监测成虫。根据豇豆生长期调整诱捕器进虫口高度，苗期高出植株顶部15 cm～20 cm，生长中后期高出地面1 m～1.5 m。使用蓟马聚集信息素＋蓝板诱杀蓟马。根据昆虫信息素持效期及时更换诱芯。

### 8.3.4　免疫诱抗

苗期、伸蔓期、开花结荚期及低温寡照天气喷施氨基寡糖素、超敏蛋白等免疫诱抗剂，提高植株抗逆抗病性及保花保果。

### 8.3.5　科学用药

#### 8.3.5.1　通则

科学选择高效、低毒、低残留农药。根据病虫发生情况，及时精准用药防治。按农药标签控制用药剂量和用药次数，交替使用不同作用机制的农药，严格遵守安全间隔期。豇豆主要病虫害防治推荐药剂见附录A。

#### 8.3.5.2　种子处理

播种前，宜针对防治对象选用商品包衣种子或种子处理剂农药进行拌种。

#### 8.3.5.3　苗期灌根

蓟马、粉虱、潜叶蝇、蚜虫发生严重的地块，使用噻虫嗪等内吸性杀虫剂在苗期进行灌根。

#### 8.3.5.4　严格采收期用药

采收期优先使用天敌控制、生物农药或优先使用安全间隔期不超过3 d的农药。

### 8.4　专业化统防统治

#### 8.4.1　准入标准

以自然村落或每个田洋为统计单元，豇豆连片种植面积超过50亩或累计种植面积500亩以上，宜采用专业化统防统治。

#### 8.4.2　作业要求

根据病虫害发生情况，科学制定专业化统防统治方案。建立统防统治服务档案，如实记录农药使用品种、用量、时间、区域等信息。统防统治方案和服务档案保存2年以上。

### 8.5　加强用药指导

组建豇豆安全生产技术指导专家组，因时因地研究制定豇豆生产全程病虫害绿色防控方案。加强科学用药技术培训，对市县乡基层农技人员轮训。关键节点，专家组深入地头指导和解决关键技术难题。市县乡农技人员分区分片，对豇豆生产者开展科学用药指导服务。

## 9 采收和采后商品化处理

### 9.1 采收

冬春季豇豆开花后 8 d~10 d 可采收，夏秋季豇豆开花后 6 d~8 d 可采收。采收生长发育正常的豆荚，以荚果饱满、脆实、籽粒刚显露为宜。在当天气温度较低时采收，避开雨天和露水时段，不要损伤花芽。

### 9.2 采后商品化处理

豇豆采后立即放在干净、阴凉、干燥、通风处散热。需要贮运的豇豆，采后 10 h 以内快速预冷至储藏温度。选用过冰水、强制通风预冷库或真空预冷库预冷等措施，预冷温度宜设置与储藏温度一致。

## 10 质量要求

### 10.1 基本要求

符合卫生指标，清洁，不含可见外来杂物；外观新鲜，豆荚硬实，不脱水，无皱缩，质地脆嫩；豆荚具有本品种特有的颜色；豆荚完好，不腐烂和变质，无异味，无冻害。

### 10.2 等级

#### 10.2.1 等级划分

在符合基本要求的情况下，豇豆分为特级、一级和二级。等级划分应符合表 2 的规定。

表 2  豇豆等级

| 项目 | 等级 | | |
|---|---|---|---|
| | 特级 | 一级 | 二级 |
| 品种 | 同一品种 | | 同一品种或相似品种 |
| 成熟度 | 豆荚发育饱满，荚内种子不显露或略有显露，手感充实 | 豆荚发育饱满，荚内种子略有显露，手感充实 | 豆荚内种子明显显露 |
| 荚果形状 | 具有本品种特有的形状特征，形状一致 | 形状基本一致 | 形状基本一致 |
| 病虫害 | 不明显 | 轻微度 | 中轻度 |

#### 10.2.2 容许度

特级允许 5% 豆荚条数不符合该等级的要求，但应符合一级的要求；一级允许 8% 豆荚条数不符合该等级的要求，但应符合二级的要求；二级允许有 10% 豆荚条数不符合该等级的要求，但应符合基本要求。

## 10.3　规格

### 10.3.1　规格划分

豇豆按荚果长度分长荚果、中荚果和短荚果三种规格。长度＞60 cm 为长荚果、长度 45 cm～60 cm 的为中荚果，长度＜45 cm 的为短荚果。

### 10.3.2　容许度

长荚果允许 5％豆荚条数不符合本规格要求，但应符合中荚果要求；中荚果允许 8％豆荚条数不符合本规格要求，但应符合短荚果要求；短荚果允许 10％豆荚条数不符合本规格要求，但应符合基本要求。

## 10.4　卫生指标

卫生指标包括污染物和农药残留指标。污染物限量及检测方法应符合 GB 2762 的规定并适时更新，农药残留限量及检测方法应符合 GB 2763 的规定并适时更新。豇豆主要卫生指标见表 3。

表 3　豇豆主要卫生指标

| 检测项目 | 最大残留限量（mg/kg） | 检测项目 | 最大残留限量（mg/kg） |
|---|---|---|---|
| 甲胺磷 | 0.05 | 灭蝇胺 | 0.5 |
| 氧乐果 | 0.02 | 甲氨基阿维菌素苯甲酸盐 | 0.015 |
| 甲拌磷 | 0.01 | 噻虫嗪 | 0.3 |
| 毒死蜱 | 0.02 | 乙酰甲胺磷 | 0.02 |
| 三唑磷 | 0.05 | 敌敌畏 | 0.2 |
| 久效磷 | 0.03 | 敌百虫 | 0.2 |
| 涕灭威 | 0.03 | 倍硫磷 | 0.05 |
| 灭多威 | 0.2 | 阿维菌素 | 0.05 |
| 克百威 | 0.02 | 治螟磷 | 0.01 |
| 氟虫腈 | 0.02 | 磷胺 | 0.05 |
| 乐果 | 0.01 | 地虫硫磷 | 0.01 |
| 水胺硫磷 | 0.05 | 吡虫啉 | 2 |
| 啶虫脒 | 0.4 | 氯唑磷 | 0.01 |
| 嘧菌酯 | 3 | 甲基异柳磷 | 0.01 |
| 内吸磷 | 0.02 | 二甲戊灵 | 0.05 |
| 辛硫磷 | 0.05 | 杀扑磷 | 0.05 |
| 苯线磷 | 0.02 | 速灭磷 | 0.01 |
| 总砷（以 As 计） | 0.5 | 镉（以 Cd 计） | 0.1 |
| 铅（以 Pb 计） | 0.2 | 总汞（以 Hg 计） | 0.01 |
| 铬（以 Cr 计） | 0.5 | | |

注：其他有毒有害物质的指标应符合强制性标准的规定；抽样按照 NY/T 789 和 NY/T 762 的规定执行。

### 10.5 检验

#### 10.5.1 检验要求

对本文件规定的全部要求进行检验，检验合格宜发放检验合格证。

#### 10.5.2 组批规则

同产地、同时收购的豇豆作为一个检验批次；收购集散中心（批发市场）按同产地的豇豆作为一个检验批次；农贸市场和超市按相同进货渠道的豇豆作为一个检验批次。

#### 10.5.3 抽样方法

按照 NY/T 2103 的规定执行。检验抽样报验单填写的项目应与实货相符。凡与实货不符，包装容器严重损坏的，应由交货单位重新整理后再行抽样检验。

#### 10.5.4 判定规则

**10.5.4.1** 卫生指标有一项不合格，判定该批次豇豆为不合格且不得复验。

**10.5.4.2** 整批豇豆不超过某级别规定的容许度，则判为某级别产品；若超过，则按下一级规定的容许度检验，直到判出级别为止。

**10.5.4.3** 整批豇豆不超过某规格规定的容许度，则判为某规格产品；若超过，则按下一规格规定的容许度检验，直到判出规格为止。

**10.5.4.4** 该批次豇豆样本标识、包装、净含量不合格者，允许生产者进行整改后申请复验一次。

## 11 包装与标识

### 11.1 包装

包装应大小一致，清洁、干燥、牢固、无毒、无污染、无异味，具有一定的透气性、防潮性和抗压性。产品应按品种、等级、规格分类包装，每批豇豆的包装规格、净重应一致。包装应符合 SB/T 10158 的规定。

### 11.2 标识

在包装上准确、清晰、完整地标明溯源编码、承诺达标合格证、豇豆名称、等级、规格、产地、商标、净重、采收日期、生产单位（个人）名称、详细地址和联系电话等。标识应符合 SB/T 10158 的规定。

## 12 贮藏与运输

### 12.1 贮藏

豇豆经预冷和包装后入库冷藏贮存。堆码排列方式、走向应与库内空气环流方向一致。冷藏库控制温度 7 ℃～9 ℃、空气湿度 85％～90％、氧气含量 2％～5％、二氧化碳含量 2％～5％为宜；库内宜安装通风换气装置，确保温度和相对湿度稳定与均匀。在适宜冷藏条件下，豇豆贮存期一般为 10 d～20 d。

## 12.2　运输

运输工具应清洁、卫生、无污染、无杂物，需有防晒、防雨、通风和控温等措施。豇豆运输时，应轻装、轻卸、防机械损伤、防热、防晒、防冻、防雨淋等。运输过程中温度控制以 7 ℃～9 ℃为宜。

# 13　生产档案管理

豇豆生产者应当建立生产档案，详细记录包括播种、栽培、施肥、农药（采购来源和数量、商标名、有效成份、登记证号、使用地点、防治对象、施用浓度、施用方法、施药时间、操作员和技术负责人等）、采收、销售等具体内容。生产档案保存 2 年以上。

# 14　产品检测与准出管理

## 14.1　安全监测

加强豇豆整个生产周期的质量安全监测，通过抽样检测重点监测生产过程是否使用禁用农药，采收期是否存在常规农药残留超标和是否遵守安全间隔期等情况。在批发市场或收购集散中心、出岛码头对豇豆进行抽样检测。

## 14.2　精准检测

根据豇豆的卫生指标和生产档案进行精准检测。检测合格，开具检测结果报告单；检测不合格，对使用禁用农药的豇豆集中销毁处理。

## 14.3　承诺达标合格证

抽样检测合格后，由生产单位（个人）和收购单位（个人）开具承诺达标合格证，承诺不使用禁用农药、使用的常规农药残留不超标、对承诺的真实性负责，标明溯源编码、豇豆名称、数量（重量）、产地、生产单位（个人）名称及联系电话、开具日期等内容，并由生产单位（个人）签名（盖章）。

## 14.4　出岛销售

豇豆凭检测结果报告单和承诺达标合格证出岛销售。批发市场、收购集散中心、出岛码头等应建立健全检测结果报告单和承诺达标合格证查验制度。

# 15　溯源管理

## 15.1　溯源编码

对每个豇豆生产单位（个人）赋溯源编码，与其生产的豇豆进行捆绑销售。无溯源编码的豇豆不得收购和上市销售。溯源编码中输入豇豆名称、生产单位（个人）名称和身份证图片及联系电话、产地、生产档案（重点包括农药购买和使用记录)、合格证开具记录、查验(收购)记录、销售记录、检测记录、收购商和身份证图片及联系电话、销售渠道等相关信息。

### 15.2 溯源信息平台

建立健全全省统一使用的食用农产品质量安全智慧监管平台,将溯源编码及其包含的信息纳入平台,对豇豆质量问题及时进行追溯。

## 16 网格化管理

以行政村为单位建立健全豇豆质量安全网格化全覆盖管理体系,按照区域定格、网格定人、人员定责的要求,把豇豆质量管理工作前移到田间地头。实行豇豆采摘报告制度,采摘前1 d向村委会报告,由网格员采样进行检测或负责抽样送检,检测合格方可采摘。对网格辖区内的豇豆生产单位(个人)、种植地块、收购商、收购档口、批发市场等开展登记造册,建立管理名录实行主体备案。

## 17 农业社会化服务

围绕豇豆全产业链,创新和完善服务机制,发展集农资供应、技术集成、农机作业、组织化生产、专业化统防统治、仓储物流、农产品营销等服务于一体的社会化服务体系,从产中向产前、产后等环节及金融保险等配套服务延伸,不断提升社会化服务对豇豆全产业链的覆盖率和支撑作用。

## 18 品牌建设

开展豇豆绿色、有机产品的认证、宣传和质量管理工作,加强绿色豇豆品牌的培育与建设。

## 19 生产技术流程图

豇豆生产技术流程图见附录 B。

# 附录 A
# （资料性）
# 豇豆主要病虫害防治推荐药剂

豇豆主要病害防治推荐药剂见表 A.1，主要虫害防治推荐药剂见表 A.2。

## 表 A.1 豇豆主要病害防治推荐药剂

| 防治对象 | 危害症状 | 推荐农药 | 每667m²制剂施用量 | 使用方法 | 安全间隔期(d) | 每季最多使用次数 | 是否登记 |
|---|---|---|---|---|---|---|---|
| 锈病 | | 29%吡萘·嘧菌酯悬浮剂 | 45mL~60 mL | 喷雾 | 3 | 3 | 是 |
| | | 20%噻呋·吡唑酯悬浮剂 | 40mL~50 mL | 喷雾 | 3 | 3 | |
| | | 40%腈菌唑可湿性粉剂 | 13 g~20 g | 喷雾 | 5 | 3 | |
| | | 325 g/L苯甲·嘧菌酯悬浮剂 | 40 mL~60 mL | 喷雾 | 7 | 3 | |
| | | 75%戊唑·嘧菌酯水分散粒剂 | 10 g~15 g | 喷雾 | 7 | 2 | |
| 白粉病 | | 0.4%蛇床子素可溶液剂 | 600~800倍液 | 喷雾 | 1 | 3 | 是 |
| | | 9%吡萘·嘧菌酯悬浮剂 | 45mL~60 mL | 喷雾 | 3 | 3 | |
| | | 40%腈菌唑可湿性粉剂 | 13 g~20 g | 喷雾 | 5 | 3 | |
| 炭疽病 | | 40%腈菌唑可湿性粉剂 | 13 g~20 g | 喷雾 | 5 | 3 | 是 |
| | | 325 g/L苯甲·嘧菌酯悬浮剂 | 40 mL~60 mL | 喷雾 | 7 | 3 | |
| | | 43%氟菌·肟菌酯悬浮剂 | 20 mL~30 mL | 喷雾 | 3 | 2 | |

注：根据病害发生情况选用1~3种农药进行防治，适当更新选用登记农药，交替使用不同作用机制的农药，严格遵守农药安全间隔期。在病害初发时施药防治。

表A.2 豇豆主要虫害防治推荐药剂

| 防治对象 | 危害症状 | 推荐农药 | 每667m²制剂施用量 | 使用方法 | 安全间隔期(d) | 每季最多使用次数 | 是否登记 |
|---|---|---|---|---|---|---|---|
| 潜叶蝇 | | 60 g/L乙基多杀菌素悬浮剂 | 50mL~58 mL | 喷雾 | 3 | 2 | 是 |
| | | 10%溴氰虫酰胺可分散油悬浮剂 | 14 mL~18 mL | 喷雾 | 3 | 3 | |
| | | 25%噻虫嗪水分散粒剂 | 15 g~20 g | 喷雾 | 3 | 1 | |
| 蓟马 | | 100亿孢子/g金龟子绿僵菌油悬浮剂 | 25 g~35 g | 喷雾 | 1 | — | 是 |
| | | 80亿孢子/mL金龟子绿僵菌CQMa421可分散油悬浮剂 | 60 mL~90 mL | 喷雾 | 1 | — | |
| | | 0.5%苦参碱水剂 | 90 mL~120 mL | 喷雾 | 1 | 1 | |
| | | 10%多杀霉素悬浮剂 | 12.5 mL~15 mL | 喷雾 | 5 | 1 | |
| | | 25%噻虫嗪可分散油悬浮剂 | 15 g~20 g | 喷雾 | 3 | 1 | |
| | | 10%溴氰虫酰胺可分散油悬浮剂 | 33.3 mL~40 mL | 喷雾 | 3 | 3 | |
| | | 10%虫螨腈乳油 | 30 mL~40 mL | 喷雾 | 3 | 1 | |
| | | 30%虫螨·噻虫嗪悬浮剂 | 30 mL~40 mL | 喷雾 | 5 | 1 | |
| | | 45%吡虫啉·虫螨腈悬浮剂 | 15 mL~20 mL | 喷雾 | 5 | 1 | |
| | | 5.7%甲氨基阿维菌素苯甲酸盐微乳剂 | 3.5 mL~4.5 mL | 喷雾 | 5 | 2 | |
| | | 2.3%甲氨基阿维菌素苯甲酸盐微乳剂 | 9 mL~12 mL | 喷雾 | 7 | 1 | |
| | | 22%螺虫·噻虫啉悬浮剂 | 30mL~40 mL | 喷雾 | 3 | 2 | |
| | | 20%虫螨腈·唑虫酰胺微乳剂 | 40mL~50 mL | 喷雾 | 7 | 1 | |
| | | 24%阿维·氟啶悬浮剂 | 20mL~30 mL | 喷雾 | 3 | 1 | |

（续）

| 防治对象 | 危害症状 | 推荐农药 | 每 667 m² 制剂施用量 | 使用方法 | 安全间隔期 (d) | 每季最多使用次数 | 是否登记 |
|---|---|---|---|---|---|---|---|
| 豇豆荚螟 | | 32 000 IU/mg 苏云金杆菌可湿性粉剂 | 75 g~100 g | 喷雾 | 1 | — | 是 |
| | | 30%茚虫威水分散粒剂 | 6 g~9 g | 喷雾 | 3 | 1 | |
| | | 25%乙基多杀菌素水分散粒剂 | 12 g~14 g | 喷雾 | 7 | 2 | |
| | | 4.5%高效氯氰菊酯乳油 | 30 mL~40 mL | 喷雾 | 3 | 1 | |
| | | 10%溴氰虫酰胺可分散油悬浮剂 | 14 mL~18 mL | 喷雾 | 3 | 3 | |
| | | 5.7%甲氨基阿维菌素苯甲酸盐微乳剂 | 3.5 mL~4.5 mL | 喷雾 | 5 | 2 | |
| | | 50 g/L 虱螨脲乳油 | 40 mL~50 mL | 喷雾 | 7 | 3 | |
| | | 5%氯虫苯甲酰胺悬浮剂 | 30 mL~60 mL | 喷雾 | 5 | 2 | |
| 蚜虫 | | 80 亿孢子/mL 金龟子绿僵菌 CQMa421 可分散油悬浮剂 | 40 mL~60 mL | 喷雾 | 1 | — | 是 |
| | | 1.5%苦参碱可溶液剂 | 30 mL~40 mL | 喷雾 | 10 | 1 | |
| | | 0.5%苦参碱水剂 | 90 mL~120 mL | 喷雾 | 1 | 2 | |
| | | 24%阿维·氟啶虫可分散悬浮剂 | 20 mL~30 mL | 喷雾 | 3 | 3 | |
| | | 50 g/L 双丙环虫酯可分散液剂 | 10 mL~16 mL | 喷雾 | 3 | 2 | |
| | | 10%溴氰虫酰胺可分散油悬浮剂 | 33.3 mL~40 mL | 喷雾 | 3 | 3 | |
| | | 14%氯虫·高氯氟微囊悬浮-悬浮剂 | 10 mL~20 mL | 喷雾 | 5 | 2 | |
| 甜菜夜蛾 | | 80 亿孢子/mL 金龟子绿僵菌 CQMa421 可分散油悬浮剂 | 40 mL~60 mL | 喷雾 | 1 | — | 是 |
| | | 30 亿 PIB/mL 甜菜夜蛾核型多角体病毒悬浮剂 | 20 mL~30 mL | 喷雾 | 1 | 1 | |
| | | 4.5%高效氯氰菊酯乳油 | 30 mL~40 mL | 喷雾 | 3 | 3 | |
| | | 50 g/L 虱螨脲乳油 | 40 mL~50 mL | 喷雾 | 7 | 3 | |

（续）

| 防治对象 | 危害症状 | 推荐农药 | 每667m²制剂施用量 | 使用方法 | 安全间隔期(d) | 每季最多使用次数 | 是否登记 |
|---|---|---|---|---|---|---|---|
| 斜纹夜蛾 | | 16 000 IU/mg 苏云金杆菌可湿性粉剂 | 200 g~250 g | 喷雾 | 1 | — | |
| | | 1%苦皮藤素水乳剂 | 90 mL~120 mL | 喷雾 | 10 | 2 | |
| | | 30%茚虫威水分散粒剂 | 6 g~9 g | 喷雾 | 3 | 1 | 是 |
| | | 50 g/L 虱螨脲乳油 | 40mL~50 mL | 喷雾 | 7 | 3 | |
| | | 4.5%高效氯氰菊酯乳油 | 30 mL~40 mL | 喷雾 | 3 | 1 | |
| | | 5.7%甲氨基阿维菌素苯甲酸盐微乳剂 | 3.5 mL~4.5 mL | 喷雾 | 5 | 2 | |
| 叶螨 | | 1.5%苦参碱可溶液剂 | 30 mL~40 mL | 喷雾 | 10 | 1 | |
| | | 0.5%苦参碱水剂 | 90 mL~120 mL | 喷雾 | 1 | 1 | 是 |
| | | 4.5%高效氯氰菊酯乳油 | 30 mL~40 mL | 喷雾 | 3 | 1 | |
| | | 24%阿维•氟啶悬浮剂 | 20mL~30 mL | 喷雾 | 3 | 1 | |
| 大豆卷叶螟 | | 16 000 IU/mg 苏云金杆菌可湿性粉剂 | 200 g~250 g | 喷雾 | 1 | — | |
| | | 100 g/L 顺式氯氰菊酯乳油 | 10mL~13 mL | 喷雾 | 5 | 2 | 是 |
| | | 5.7%甲氨基阿维菌素苯甲酸盐微乳剂 | 3.5 mL~4.5 mL | 喷雾 | 5 | 2 | |

注1：根据虫害发生情况选用1~3种农药进行防治，适时更新选用登记农药，交替使用不同作用机制的农药，严格遵守农药安全间隔期。

注2：在虫害发生初期以及卵（若虫）期、低龄幼虫期施药防治虫害。

## 附录 B

### （资料性）

### 豇豆生产技术流程图

豇豆生产技术流程详见图 B.1。

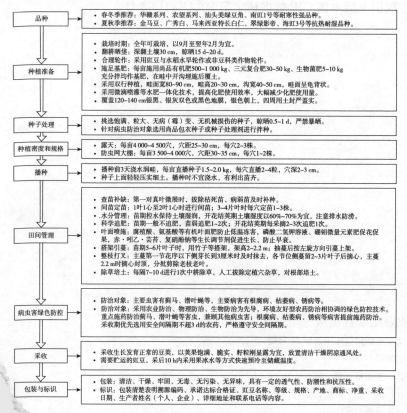

| 品种 | • 春冬季推荐：华赣系列、农望系列、汕头美绿豆角、南豇1号等耐寒性强品种。<br>• 夏秋季推荐：金马豆、广秀白、马来西亚特长白仁、翠绿影帝、海豇3号等抗热耐湿品种。 |

| 种植准备 | • 栽培时期：全年可栽培，以9月至翌年2月为宜。<br>• 翻耕晒垡：深翻土壤30 cm，晾晒15 d~20 d。<br>• 合理轮作：采用豇豆与水稻水旱轮作或非豆科类作物轮作。<br>• 施足基肥：每亩施用尚品有机肥500~1 000 kg、三元复合肥30~50 kg、生物菌肥5~10 kg<br>　充分拌均作基肥，在畦中开沟埋施后覆土。<br>• 采用双行种植，畦面宽80~90 cm，畦高20~30 cm，沟宽40~50 cm，畦面呈龟背状。<br>• 采用微滴喷灌等水肥一体化技术，提高化肥使用效率，大幅减少化肥使用量。<br>• 覆盖120~140 cm银黑、银灰色双色或黑色地膜，银色朝上，四周用土封盖压实。 |

| 种子处理 | • 挑选饱满、粒大、无病（霉）变、无机械损伤的种子，晾晒0.5~1 d，严禁暴晒。<br>• 针对病虫防治对象选用尚品包衣种子或种子处理剂进行拌种。 |

| 种植密度和规格 | • 露天：每亩4 000~4 500穴，穴距25~30 cm，每穴2~3株。<br>• 防虫网大棚：每亩3 500~4 000穴，穴距30~35 cm，每穴1~2株。 |

| 播种 | • 播种前3天浇水润畦，每亩直播呼1.5~2.0 kg，每穴直播2~4粒，穴深2~3 cm。<br>• 种子上面轻轻压实细土。播种时不宜浇水，有利出苗齐。 |

| 田间管理 | • 查苗补缺：第一对真叶微展时，拔除枯死苗、病弱苗及时补种。<br>• 间苗定苗：1叶1心至2叶1心时进行间苗；3-4片叶时每穴定苗1~3株。<br>• 水分管理：苗期控水保持土壤湿润，开花结荚期土壤湿度以60%~70%为宜，注意排水防涝。<br>• 科学追肥：苗期一般不追肥，苗弱追肥1~2次；开花结荚期每采摘2~3次追肥1次。<br>• 叶面喷施：腐殖酸、氨基酸等有机叶面肥防止低温冻害，磷酸二氢钾溶液、硼钼微量元素肥促花促<br>　果，赤·吲乙·芸苔、复硝酚钠等生长调节剂促进生长、防止早衰。<br>• 搭架引蔓：苗期5~6片叶子时，用竹子等搭架，架高2~2.2 m；抽蔓后按左旋方向引蔓上架。<br>• 整枝打叉：主蔓第一节花序以下侧芽长到3厘米时及时抹去，各节位侧蔓留2~3片叶子后摘心，主蔓<br>　2.2 m时摘心封顶，分批剪除老枝老叶。<br>• 除草培土：每隔7~10 d进行1次中耕除草，人工拔除定植穴杂草，对根部培土。 |

| 病虫害绿色防控 | • 防治对象：主要虫害有蓟马、潜叶蝇等，主要病害有根腐病、枯萎病、锈病等。<br>• 防治方法：采用农业防治、物理防治、生物防治为先导，环境友好型农药防治相协调的绿色防控技术。<br>　重点施药防治蓟马、潜叶蝇等害虫，兼顾其他病虫害；根腐病、枯萎病、锈病等病害提前施药防治。<br>　采收期优先选用安全间隔期不超3d的农药，严格遵守安全间隔期。 |

| 采收 | • 采收生长发育正常的豆荚，以荚果饱满、脆实、籽粒刚显露为宜，放置清洁干燥阴凉通风处。<br>• 需要贮运的豇豆，采后10 h内采用果冰水等方式快速预冷至储藏温度。 |

| 包装与标识 | • 包装：清洁、干燥、牢固、无毒、无污染、无异味，具有一定的透气性、防潮性和抗压性。<br>• 标识：包装清楚表明溯源编码、承诺达标合格证、豇豆名称、等级、规格、产地、商标、净重、采收<br>　日期、生产者姓名（个人、企业）、详细地址和联系电话等内容。 |

图 B.1　豇豆生产技术流程图

**图书在版编目（CIP）数据**

豇豆标准化生产技术疑难解答 / 陈燕羽，罗劲梅主
编 . -- 北京：中国农业出版社，2024. 11. -- ISBN
978-7-109-32768-9

Ⅰ. S643.4-44

中国国家版本馆 CIP 数据核字第 2024K41D93 号

---

中国农业出版社出版

地址：北京市朝阳区麦子店街 18 号楼
邮编：100125
责任编辑：丁瑞华　黄　宇
版式设计：杨　婧　　责任校对：吴丽婷
印刷：北京通州皇家印刷厂
版次：2024 年 11 月第 1 版
印次：2024 年 11 月北京第 1 次印刷
发行：新华书店北京发行所
开本：700mm×1000mm　1/16
印张：9.5　　插页：8
字数：200 千字
定价：68.00 元

---

彩图 1　绿色食品标志

彩图 2　有机食品标志

彩图 3　农产品地理标志

彩图 4　热豇 1 号

彩图 5　海豇 4 号　　　　　　　　　　彩图 6　南豇 1 号

彩图 7　海豇 2 号　　　　　　　　　　彩图 8　华赣海亚特

彩图 9　华赣春秀　　　　　　　　　　　彩图 10　华赣绿秀

彩图 11　华赣绿翠　　　　　　　　　　　彩图 12　华赣 688

彩图 13　庐山云雾

彩图 14　庐山红叶

彩图 15　庐山美云

彩图 16　彩蝶 1 号

彩图 17　彩蝶 2 号　　　　　　　　彩图 18　彩蝶美佳

彩图 19　彩蝶 A-3　　　　　　　　彩图 20　彩蝶 A-5

彩图 21 泰利 8 号

彩图 22 泰利 B-8

彩图 23 泰利 B-9

彩图 24 赣秋红

彩图 25　紫红宝

彩图 26　紫秋豇 6 号

彩图 27　彩蝶花豹

彩图 28　银豇 1 号

彩图 29　银豇 2 号　　　　　　　　彩图 30　热豇 6 号

彩图 31　豇豆种植前铺银黑地膜　　　彩图 32　太阳能杀虫灯

彩图 33　昆虫诱捕器　　彩图 34　纽氏新小绥螨捕食豆大蓟马一龄若虫（迟元铭 摄）

彩图 35　巴氏新小绥螨捕食豆大蓟马一龄若虫（迟元铭 摄）

彩图 36　海南澄迈豇豆防虫网基地

彩图 37　海南乐东豇豆防虫网基地

彩图 38　防虫网＋豇豆

彩图 39　豇豆根腐病

彩图 40  豇豆枯萎病

彩图 41  豇豆炭疽病

彩图 42  豇豆轮纹病

彩图 43　豇豆细菌性疫病

彩图 44　豇豆锈病

彩图 45　豇豆白粉病

彩图 46　豇豆煤霉病

彩图 47　豇豆病毒病

彩图 48　潜叶蝇

彩图 49　豇豆荚螟

彩图 50　蓟马

彩图 51　斜纹夜蛾　　　　　　　　彩图 52　甜菜夜蛾

彩图 53　蚜虫

彩图 54　朱砂叶螨　　　　　　　　　彩图 55　地老虎

彩图 56　根结线虫